塑料成型工艺
与模具结构
（第2版）

张信群　主编

DIE & MOULD TECHNOLOGY

人民邮电出版社

北京

图书在版编目（CIP）数据

塑料成型工艺与模具结构 / 张信群主编. — 2版
. — 北京：人民邮电出版社，2010.9（2019.1重印）
中等职业学校机电类规划教材. 模具制造技术专业系列
ISBN 978-7-115-23585-5

Ⅰ. ①塑… Ⅱ. ①张… Ⅲ. ①塑料成型－工艺－专业
学校－教材②塑料模具－结构－专业学校－教材 Ⅳ.
①TQ320.66

中国版本图书馆CIP数据核字(2010)第150321号

内 容 提 要

本书共 7 章，包括塑料成型工艺基础、注射成型工艺与模具结构、挤出成型工艺与模具结构、压缩成型工艺与模具结构、压注成型工艺与模具结构、气动成型工艺与模具结构、模具 CAD/CAM/CAE 简介，并附有必要的技术参数供参考。

本书适合作为中等职业学校模具制造技术专业及相关专业的教学用书，也可作为工程技术人员的自学参考书与培训教材。

◆ 主　编　张信群

　　责任编辑　李海涛

◆ 人民邮电出版社出版发行　　北京市丰台区成寿寺路 11 号

　　邮编　100164　电子邮件　315@ptpress.com.cn

　　网址　http://www.ptpress.com.cn

　北京七彩京通数码快印有限公司印刷

◆ 开本：787×1092　1/16

　　印张：11.25　　　　　2010 年 9 月第 2 版

　　字数：283 千字　　　2019 年 1 月北京第 14 次印刷

ISBN 978-7-115-23585-5

定价：21.00 元

读者服务热线：(010)81055256　印装质量热线：(010)81055316
反盗版热线：(010)81055315
广告经营许可证:京东工商广登字 20170147 号

中等职业学校机电类规划教材

模具制造技术专业系列教材编委会

丛书前言

我国加入 WTO 以后，国内机械加工行业和电子技术行业得到快速发展。国内机电技术的革新和产业结构的调整成为一种发展趋势。因此，近年来企业对机电人才的需求量逐年上升，对技术工人的专业知识和操作技能也提出了更高的要求。相应地，为满足机电行业对人才的需求，中等职业学校机电类专业的招生规模在不断扩大，教学内容和教学方法也在不断调整。

为了适应机电行业快速发展和中等职业学校机电专业教学改革对教材的需要，我们在全国机电行业和职业教育发展较好的地区进行了广泛调研；以培养技能型人才为出发点，以各地中职教育教研成果为参考，以中职教学需求和教学一线的骨干教师对教材建设的要求为标准，经过充分研讨与精心规划，对《中等职业学校机电类规划教材》进行了改版，改版后的教材包括 6 个系列，分别为《专业基础课程与实训课程系列》、《数控技术应用专业系列》、《模具制造技术专业系列》、《计算机辅助设计与制造系列》、《电子技术应用专业系列》和《机电技术应用专业系列》。

本套教材力求体现国家倡导的"以就业为导向，以能力为本位"的精神，结合职业技能鉴定和中等职业学校双证书的需求，精简整合理论课程，注重实训教学，强化上岗前培训；教材内容统筹规划，合理安排知识点、技能点，避免重复；教学形式生动活泼，以符合中等职业学校学生的认知规律。

本套教材广泛参考了各地中等职业学校的教学计划，面向优秀教师征集编写大纲，并在国内机电行业较发达的地区邀请专家对大纲进行了多次评议及反复论证，尽可能使教材的知识结构和编写方式符合当前中等职业学校机电专业教学的要求。

在作者的选择上，充分考虑了教学和就业的实际需要，邀请活跃在各重点学校教学一线的"双师型"专业骨干教师作为主编。他们具有深厚的教学功底，同时具有实际生产操作的丰富经验，能够准确把握中等职业学校机电专业人才培养的客观需求；他们具有丰富的教材编写经验，能够将中职教学的规律和学生理解知识、掌握技能的特点充分体现在教材中。

为了方便教学，我们免费为选用本套教材的老师提供教学辅助光盘，光盘的内容为教材的习题答案、模拟试卷和电子教案（电子教案为教学提纲与书中重要的图表，以及不便在书中描述的技能要领与实训效果）等教学相关资料，部分教材还配有便于学生理解和操作演练的多媒体课件，以求尽量为教学中的各个环节提供便利。

我们衷心希望本套教材的出版能促进目前中等职业学校的教学工作，并希望能得到职业教育专家和广大师生的批评与指正，以期通过逐步调整、完善和补充，使之更符合中职教学实际。

欢迎广大读者来电来函。

电子函件地址：lihaitao@ptpress.com.cn，liushengping@ptpress.com.cn。

读者服务热线：010-67143761，67132792，67184065。

编者的话

随着现代工业的发展，塑料制品的应用越来越广泛，质量要求也越来越高。在塑料制品的生产中，塑料模具的地位也越来越突出。

"塑料成型工艺与模具结构"是模具制造技术专业重要的专业课程，也是学生在将来的塑料制品生产和塑料模具制造工作中应具备的基本知识和基本技能。

本书以技能型紧缺人才培养方案为依据，以"加强基础、简化理论、内容精练"为指导思想，系统地介绍了塑料成型的基本理论和工艺知识，并结合工程实际，介绍了常用塑料模具的成型工艺和结构组成。在内容的选取上，本书注重实用性和典型性，着重介绍基本概念、基本原理和基本技能，略去了无实用价值的旧内容和复杂烦琐的理论计算，并增加了工程实例分析以及对塑料成型新工艺和模具制造新技术的介绍。在章节的编排上，既考虑到内容的系统性，又符合中职学生学习"塑料成型工艺与模具结构"课程的一般规律。

为了使学生能够深入学习本课程，本书每章结尾均设置了练习题。

本课程教学共需 90 学时，学时分配建议如下。

课 程 内 容	学 时 数
绪论	1
第 1 章　塑料成型工艺基础	13
第 2 章　注射成型工艺与模具结构	26
第 3 章　挤出成型工艺与模具结构	10
第 4 章　压缩成型工艺与模具结构	14
第 5 章　压注成型工艺与模具结构	10
第 6 章　气动成型工艺与模具结构	14
第 7 章　模具 CAD/CAM/CAE 简介	2

说明："塑料成型工艺与模具结构"是一门实践性很强的课程，教学中要特别重视理论联系实际，加强实践教学，引导学生在实践中巩固和加深所学内容，并不断学习和积累塑料模具制造的有关知识。

全书共有绪论和 7 章内容，其中绪论、第 3 章、第 4 章、第 5 章、第 6 章由滁州职业技术学院张信群编写；第 1 章、第 2 章、第 7 章由哈尔滨职业技术学院宫丽编写。本书由张信群任主编并负责全书的统稿和修改，宫丽任副主编。

本书适合作为中等职业学校模具制造技术专业及相关专业的教学用书，也可作为工程技术人员的自学参考书与培训教材。

由于编者水平有限，书中难免存在不足之处，敬请广大读者批评指正。

编　者
2010 年 7 月

目 录

绪论

塑料工业是一个历史短但发展速度惊人的新兴工业。随着塑料工业的发展，新型塑料的不断产生和对塑料制件需求的不断多样化，促进了塑料成型技术的不断发展与创新。

一、塑料与塑料成型制件

1. 塑料的组成

塑料是 20 世纪发展起来的新型材料。它是以合成树脂为主要成分，再加入改善其性能的各种各样的添加剂而制成的。塑料由于具有质量轻、强度高、耐腐蚀、绝缘性好、易着色、价格低廉等优点，应用日益广泛，与金属、木材和硅酸盐这 3 种传统材料一起，成为现代工业生产中 4 种重要的原材料。

合成树脂决定了塑料的类型和基本性能，它联系或胶黏着塑料中的其他成分，并使塑料具有可塑性和流动性，从而具有成型性能。

添加剂的作用也不可忽视，添加剂的主要种类包括以下几种。

（1）填充剂

填充剂又称为填料，它在塑料中的作用有两方面：一是减少合成树脂用量，降低塑料成本；二是改善塑料的某些性能，扩大塑料的应用范围。例如，用玻璃纤维作为塑料的填充剂，可以大幅度地提高塑料的力学性能；用石棉作为塑料的填充剂，可以提高塑料的耐热性。

（2）增塑剂

有些合成树脂的可塑性很小，柔软性也很差，可以加入增塑剂，能够降低合成树脂的熔融黏度和熔融温度，改善塑料的成型加工性能，改进塑件的柔韧性、弹性以及其他各种必要的性能。

（3）着色剂

在塑料中加入着色剂可以使塑料获得各种所需要的色彩。对着色剂的要求是：着色力强，与合成树脂有很好的相溶性，不与塑料中的其他成分发生化学反应，在成型过程中不因温度、压力变化而分解变色，并在长期使用过程中保持稳定。

（4）稳定剂

在塑料中加入稳定剂，可以防止或抑制塑料在成型、储存和使用过程中，因受热、光、氧、射线等外界因素的作用所引起的变化，即所谓"老化"。

（5）固化剂

在成型热固性塑料时，线型高分子结构的合成树脂需发生交联反应变为体型高分子结构。在塑料中加入固化剂的目的是促进交联反应，例如在环氧树脂中加入乙二胺、三乙醇胺等。

2. 塑料成型制件

塑料成型制件是以塑料为主要结构材料经过成型加工而获得的制品，又称为塑料制件。塑料制件应用广泛，特别是在电子仪表、电器设备、通信工具、生活用品等方面获得大量应用。塑料制件的主要加工方法是塑料成型加工，塑料成型是将各种形态的塑料原料熔融塑化或经加热达到要求的塑性状态，在一定压力下经过要求形状的模具或充填到要求形状的模具型腔内，待冷却定型后，获得要求形状、尺寸及性能的塑料制件的生产过程。塑料成型适宜生产形状复杂的薄壳体件，截面形状一定的线材；也可生产具有一定形状的结构件、连接件、传动件等。塑料成型的特点是生产制品形状尺寸稳定，可实现连续生产，一模多件生产，生产效率高。

二、塑料模具的分类

塑料模具是成型塑料制件的工艺装备。塑料模具的分类方法很多，根据塑料制件的成型工艺方法不同，通常将塑料模具分为以下几类。

1. 注射模具

注射模具又称为注塑模具。注射模具的成型工艺特点是将粒状或粉状的塑料原料加入注塑机的料筒中，加热使其成为熔融状态，再以一定的流速通过料筒前端的喷嘴射入闭合的模具型腔中，经过一定的保压，塑料在模内冷却、硬化定型为塑件。注射模具主要用于热塑性塑料制件的成型。近年来，热固性塑料的注射成型也在逐渐增加。由于注射模具能成型形状复杂的制件并且生产效率较高，所以在塑料制件的生产中占有很大比重。据统计，世界上注射模具的产量占塑料成型模具产量的一半以上。

2. 挤出模具

挤出模具的成型工艺特点是利用挤出机料筒内的螺杆旋转加压的方法，将塑化好的呈熔融状态的塑料从料筒中挤出，通过特定截面形状的机头口模而获得连续的型材。它广泛用于热塑性塑料的管材、棒材、板材、薄膜、线材及其他异型材的成型。

3. 压缩模具

压缩模具又称为压塑模具。压缩模具的成型工艺特点是将预热过的塑料直接加在经过加热的模具型腔（加料室）内，然后合模，塑料在热和压力作用下呈熔融状态后，以一定压力充满型腔，然后再固化成型。压缩模具多用于热固性塑料，这种方法成型的塑件大多用于机械零部件、电器绝缘件和日常生活用品。

4. 压注模具

压注模具的加料室和型腔是通过浇注系统连接起来的，在一定压力作用下，将加料室内受热呈熔融状态的热固性塑料经浇注系统压入被加热的闭合型腔，最后固化成型。压注模具主要用于热固性塑料制件的成型。

5. 吹塑模具

吹塑模具的成型工艺特点是将挤出或注射出来的尚处于塑性状态的管状坯料，趁热放到模具型腔内，立即在其中心通以压缩空气，管状坯料膨胀而紧贴于模具型腔壁上，冷却定型后即可得到一定形状的中空制件。

除了以上几种常用的塑料成型模具以外，还有真空成型模具、压缩空气成型模具、泡沫塑料成型模具等。

三、塑料模具技术发展趋势

塑料模具的结构、性能、质量均影响着塑料制件的质量和成本。例如一副优良的注射模可以成型上百万次，一副好的压缩模能成型 25 万次以上。从塑料模具的设计、制造及材料选择等方面考虑，塑料模具技术的发展趋势可归纳为以下几方面。

1. 塑料模具标准化

塑料模具标准化程度对于缩短模具制造周期、节省材料消耗、降低成本、适应大规模批量化生产具有重要意义。模具的标准化程度越高，专业化生产越强，模具制造周期就越短，生产成本就越低，模具质量就越高；同时模具设计简化，产品更新换代迅速。国外塑料模具标准化程度很高,从材料、品种、规格、结构、精度到验收都实现了标准化。目前我国的塑料模具标准化程度只达到 20%,在各种塑料模具中,只有注射模具有关于标准模架、模具零件、模具技术条件等国家标准。具体包括:塑料注射模具零件 GB/T 4169.1～4169.11—1984;塑料注射模具大型模架 GB/T 12555.1～12555.15—1990;塑料注射模具中小型模架 GB/T 12556.1～12556.2—1990;塑料注射模具技术条件 GB/T 12554—1990 等。另外,许多模具工厂还制订了各自的企业标准。

2. 模具新材料的研究和使用

模具材料的选用在塑料模具的设计与制造中占有重要地位,它直接影响模具的制造工艺、模具使用寿命、模具加工成本和塑件的质量。针对各种塑料模具的工作条件和失效形式,国内外模具材料研究人员进行了大量的研究工作,并已开发出许多具有良好使用性能、加工性能和热处理性能的塑料模具专用钢,包括预硬钢、时效硬化钢、析出硬化钢、耐腐蚀钢等,并且已经推广使用,取得了较好的技术和经济效果。另外,为了提高模具的使用寿命,在模具成型零件的表面强化处理方面也进行了大量的研究和实践工作,取得了很好的效果。

3. 模具加工新技术的应用

为了提高加工精度、减少加工时间,塑料模具中成型零件的加工已广泛应用数控加工、仿形加工、电火花加工、电火花线切割加工、快速成型制造等先进技术,同时也应用到坐标镗床、坐标磨床和三坐标测量仪等精密加工与测量设备。新技术和新设备的不断发展和应用,推进了模具行业向着技术密集、专业化与柔性化相结合、高技术与高技艺相结合的方向发展。

4. CAD/CAE/CAM 技术的推广应用

塑料制件应用的日益广泛和复杂曲面塑件的不断开发,对塑料成型模具的设计与制造提出的要求越来越高,传统的设计与制造方法已不能满足这样的要求。为了适应这些变化,在 20 世纪 80 年代中期的工业发达国家,CAD/CAE/CAM 技术就已进入实用阶段,市场上已有商品化的系列软件出售。利用计算机进行塑料模具辅助设计(CAD),利用塑料模流动模拟分析系统(CAE),对塑料成型工艺过程进行分析和仿真,这样显著提高了塑料模具设计的效率,减少了设计过程中的失误,提高了模具和塑料制件的质量,缩短了生产周期。随着计算机辅助制造(CAM)技术的发展,模具 CAD/CAE/CAM 技术向着一体化方向发展,并且成为模具技术最重要的发展方向。我国许多高等院校和科研院所在 CAD/CAE/CAM 技术方面也开展了大量研究和开发工作,取得了一定的成果,但在该技术的推广应用方面与国外相比还存在一定的差距,有待于进一步改进和提高。

四、本课程的学习内容和要求

"塑料成型工艺与模具结构"课程是模具制造技术专业人才培养体系的主干课程,在本课程中,学生将系统地学习塑料成型工艺的基本理论和工艺知识,以及注射模具、挤出模具、压缩模具、压注模具、吹塑模具、真空成型模具等常用塑料模具的成型工艺和结构特点。

通过本课程的学习,学生应达到以下要求:

① 系统了解塑料的种类及性能,掌握塑料成型原理和塑料制件的工艺特点;

② 熟悉成型设备对塑料模具的要求,正确分析成型工艺对塑料制件结构和塑料模具的要求;

③ 掌握典型塑料成型模具的结构特点;

④ 了解其他与塑料模具有关的知识及模具 CAD/CAM/CAE 知识。

"塑料成型工艺与模具结构"是一门实践性很强的课程,教学中要特别重视理论联系实际,加强实践教学,引导学生在实践中巩固和加深所学内容,并不断学习和积累塑料模具工艺和生产的有关知识。

第1章

塑料成型工艺基础

塑料制品在现代工业产品中应用广泛。工业设计师必须熟悉塑料制品的结构和成型工艺性，这不仅有利于设计出强度、结构以及工艺性合理的塑件，而且有利于扩大塑料的应用范围，节约金属材料，降低产品成本，提高技术经济效益。

塑料制品的设计流程大致包括 8 个步骤，如图 1-1 所示。

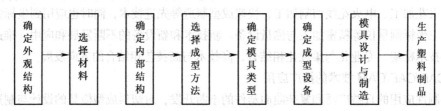

图 1-1　塑料制品的设计流程

1.1　塑料的种类及工艺性

目前世界上生产的塑料已有一万余种之多，其中常用的有一百余种。某些塑料由于具有优异的性能，在庞大的塑料家族中，已成为工业产品造型设计应用最广泛的非金属材料。

塑料制品所使用的主要原料和辅助材料，一般包括合成树脂和各种添加剂两大部分。其中，合成树脂是主要成分，一般占 30%～100%，对塑料的基本性能有决定性影响。添加剂则是为改善塑料的某些性能，以取得满足使用要求的塑料制品，而在生产时特意加入的成分。塑料制品中，由于加工条件及使用性能的要求，绝大多数都是含添加剂的多组分塑料。

合成树脂中，最常用的有聚氯乙烯、聚乙烯、聚丙烯、聚苯乙烯、聚酰胺、酚醛树脂、氨基塑料等。根据聚合方法及加工条件的不同，合成树脂出厂时通常制成粒状、粉状、液状（单体、初聚物、乳液）、糊状（塑料溶胶、有机溶胶）等形式的半成品。

在绝大多数情况下，总是根据合成树脂的种类、加工条件，以及由使用目的所要求的性能，而加入多种辅助材料。塑料制品中的辅助材料是指向树脂中加入的增塑剂、稳定剂、润滑剂、填充剂、着色剂、发泡剂、紫外线吸收剂、阻燃剂、抗氧剂、抗静电剂等多种助剂。

1.1.1　塑料的种类

塑料按照应用范围可分为通用塑料、工程塑料和特种塑料，按照塑料的成型特性可分为热塑性塑料和热固性塑料。

1. 热塑性塑料

在常温状态下，热塑性塑料是硬的固体，加热后会变软，成为可流动的稳定黏稠液体，在此状态下具有可塑性，可塑制成一定形状的塑料件，冷却后会变硬定型。热塑性塑料可以反复加工，废品可以回收再利用，所以得到广泛应用。在塑料的成型过程中只有物理变化，而无化学变化，其变化是可逆的。生产中常用的各种热塑性塑料如表 1-1 所示。

表 1-1　　　　　　　　　　　　　　　常用的热塑性塑料

英文缩写	中文名称	主要特性	应用实例
ABS	丙烯腈	良好的表面硬度、耐热、耐腐蚀、抗冲击强度高	家电、工业设备及日用品等领域,如电视、冰箱、洗衣机等的外壳;安全帽;仪器仪表盘等
PA	尼龙	良好的消音效果、耐油性、润滑性	轴承、齿轮、传送带、滑轮等机械零件 降落伞、各种绳索、刷子、梳子、球拍等
PC	聚碳酸酯	高透光率、良好的耐寒性	眼镜镜片、光学仪器、照明器件、冷冻食品包装材料
PVC	聚氯乙烯	较好的电气绝缘性能,但有毒	插座、插头、开关、电缆、人造革、凉鞋、雨衣、玩具
PE	聚乙烯	高密度聚乙烯	塑料管、塑料板、齿轮、轴承
		低密度聚乙烯	塑料薄膜、绝缘零件、包覆电缆
PP	聚丙烯	可在水中煮沸且在 135℃消毒	冷热水、蒸汽、各种非强酸、碱溶液的输送管道、化工容器
PMMA	有机玻璃	透光性最好	灯罩、汽车和建筑物的安全玻璃

2. 热固性塑料

在常温状态下，热固性塑料也是固体。加热之初，它的化学结构产生了变化，具有可塑性，可塑制成一定形状的塑件。当加热达到一定程度后，使形状固定下来，不再变化。若继续加热也不会变软，不再具有可塑性，所以只能一次成型，废品不能回收利用。在这一变化过程中，既有物理变化，又有化学变化，变化过程是不可逆的。生产中常用的各种热固性塑料如表 1-2 所示。

表 1-2　　　　　　　　　　　　　　　常用的热固性塑料

英文缩写	中文名称	主要特性	应用实例
PF	酚醛塑料（电木）	耐热、耐腐蚀、电气绝缘性好	齿轮、轴承、接线板、电动工具外壳
EP	环氧树脂	有很强的黏结能力、耐腐蚀	万能胶、黏合剂、EP 配以石英粉可浇铸各种模具、防腐涂料
MF	氨基塑料	耐光、耐电弧、耐茶渍等污染强的物质	电器开关、防爆电器的配件、餐具、航空茶杯、电话机外壳、开关插座

综上所述，塑料的品种很多，部分塑料的性能也很相似，选择恰当的原材料则是一个关键环节。目前，塑料成型加工企业对不同的产品系列推荐的相应材料种类，如表 1-3 所示。

表 1-3　　　　　　　　　　　　　　　不同塑料零件的推荐材料

序　号	零件分类	推荐材料	应注意的问题
1	家电外壳	ABS	结构复杂
2	扳手类	阻燃级 ABS	真空镀,电镀性能不好
3	小面板类	阻燃级 ABS	真空镀,电镀性能不好

序　　号	零件分类	推荐材料	应注意的问题
4	灯罩 导光柱类	PC PMMA	透明 PC 韧性好，不易脆裂，价格高，透光性差些。PMMA 易脆，透光性较好，价格低些。PC 和 PMMA 的流动性不好，设计时要充分考虑
5	镜片 透明窗	透明 PC	
6	防尘网	阻燃级 ABS	如果使用环境温度太高，要考虑改换材料
7	双色注塑 标牌	PC	双色注塑工艺较复杂

1.1.2　塑料的性能

1. 密度小，质量轻

塑料的密度为 0.9～2.3g/cm³，是铝材的一半左右，密度小意味着质量轻，在实际生产中，适合于制造轻的日用品和家用电器，如笔记本电脑和手机的外壳。

2. 绝缘性能好

塑料是现代电器行业不可缺少的原材料，许多电器用的插头、插座、开关、手柄等都是塑料制成的。

3. 耐腐蚀性能好

和金属材料相比，多数塑料对酸、碱和许多化学药品都具有良好的耐腐蚀能力。俗称"塑料王"的聚四氟乙烯耐腐蚀性能最好，可耐"王水"等极强腐蚀性电解质的侵蚀。所以在化学工业中，塑料用来制成各种管道、密封件、换热器等。

4. 吸振性能好

塑料具有良好的吸振、消音性能，常用来制造高速运转的机械零件和汽车的保险杠及内装饰板等结构零件。

5. 耐磨性能好

多数塑料都耐磨损，而一般金属零件无法与其相比，在现代工业中，齿轮、轴承、密封圈等机械零件的原材料已采用塑料，渐渐取代了金属材料。

此外，塑料还具有很好的绝热性、可电镀性、可焊接性、易着色性、防水性、防潮性、防辐射性、透光性等。

虽然塑料有一系列的优点，但也有不足之处。例如，与金属相比，其强度不高，耐热性及散热性差，制件的尺寸稳定性差，易老化，不容易自行降解等。但是随着科学技术的不断发展，这些问题正得以逐步解决。

1.1.3　塑料的成型工艺特点

塑料的成型工艺特点包括收缩性、结晶性、流动性、吸湿性、热敏性、水敏感性等。

1. 收缩性

塑料制件从模具中取出冷却到室温后，发生尺寸收缩的特性称为收缩性。用收缩率来表示，即模具设计时常温下模具尺寸与制件尺寸之差及其与制件尺寸的比值。其表达式为

$$k = \frac{L_m - L_1}{L_1} \times 100\%$$

（1-1）

式中　　k——塑料收缩率；

　　　　L_m——模具在室温时的尺寸（mm）；

　　　　L_1——塑件在室温时的尺寸（mm）。

设计模具前一定要查清原材料的收缩率，便于以后的设计计算。

2. 结晶性

一般热塑性塑料的结构分为结晶型和非结晶型两种。结晶型塑料在成型时需要的热量比非结晶型塑料多，并且结晶型塑料需要冷却的时间也比非结晶型塑料长。

属于结晶型塑料有聚乙烯、聚丙烯、尼龙等，属非结晶型塑料有聚苯乙烯、聚氯乙烯、ABS 等。

3. 流动性

塑料在一定的温度与压力下填充模具型腔的能力称为塑料的流动性。

流动性是塑料成型中一个很重要的因素，流动性的好坏，直接影响塑料制件结构的设计、成型工艺及模具的设计。流动性过高，容易导致溢料、填充不实、制件组织疏松、易粘模等不良现象；流动性过低，容易产生填充不足、缺料、不易成型等缺陷。

提高流动性的方法是增加增塑剂或润滑剂。降低流动性的方法是增加填充剂。

4. 吸湿性

因为塑料中含有各种添加剂，对水分有不同的亲疏程度，所以塑料可分为吸湿、粘附水分和不吸湿、不粘附水分两种。

塑料的吸湿性对其成型很不利。凡是具有吸湿或粘附水分的塑料，当水分含量超过一定限度时，成型后制件将出现气泡、银丝或斑纹等缺陷，这是由于成型过程中，水分变成气体促使塑料高温水解。因此，塑料在加工成型前，一般要经过干燥处理，使水分含量控制在 0.2%以下。

5. 热敏性

热敏性是指塑料对热降解的敏感性。有些塑料对温度比较敏感，如果成型时温度过高，容易变色、降解，如聚氯乙烯、聚甲醛等。为了改善热敏性塑料的成型特性，可在塑料中加入热稳定剂（如碱式铅盐类等），合理地选择设备，严格控制成型工艺温度和周期，在模具型腔表面镀铬等。

6. 水敏感性

有的塑料即使含有少量水分，在高温、高压下也会发生分解，称为水敏感性。例如，聚碳酸酯就是水敏感性塑料，必须预先加热干燥。

1.2　塑料制件的结构工艺性

塑料制件的结构工艺性，是设计师进行塑料制件外形及其内部结构设计时必须考虑的主要问题之一。在评定塑料制件设计的合理性时，不但要考虑满足塑料制件的使用性能和外观效果方面的要求，而且还要考虑满足塑料制件成型工艺及材料性能对塑料制件结构的要求，以便经济合理地进行塑料制件的生产。

塑料制件几何形状的设计应尽可能有利于成型，以防止成型时产生气泡、缩孔、凹陷、开裂等缺陷，并有利于简化模具结构。塑料制件的几何形状包括制件的尺寸精度、表面粗糙度、壁厚、脱模斜度、加强筋、圆角、孔、螺纹、嵌件、文字、标志、符号等。

1.2.1 塑料制件的尺寸、公差和表面质量

1. 塑料制件的尺寸及公差

塑料制件的尺寸及精度不高，往往受到多种因素的影响，如塑料收缩率的波动、模具成型零件的制造误差及其磨损、成型工艺条件的变化、塑料的种类及其性能、模具的结构形状、塑料制件的形状、塑料制件成型后的时效变化、飞边厚度的变化以及脱模斜度等。设计者在设计中主要考虑尺寸的一致性，如手机外壳上下盖的边需对齐且间隙均匀。

对塑料制件的精度要求要具体分析，要根据装配情况来确定尺寸公差。在塑料品种和工艺条件一定的情况下，塑料制件精度很大程度上取决于模具的制造公差。精度越高，模具制造工序就越多，加工时间就越长，模具制造成本就越高。可以参照表1-4所示的不同精度在不同尺寸范围的数值，进行塑件的结构设计。

表1-4　　　　　　　　　　塑件尺寸公差数值表

序　号	基本尺寸（mm）	精度等级							
		1	2	3	4	5	6	7	8
		公差数值（mm）							
1	<3	0.04	0.06	0.08	0.12	0.16	0.24	0.32	0.48
2	>3～6	0.05	0.07	0.08	0.14	0.18	0.28	0.36	0.56
3	>6～10	0.06	0.08	0.10	0.16	0.20	0.32	0.404	0.61
4	>10～14	0.07	0.09	0.12	0.18	0.22	0.36	0.44	0.72
5	>14～18	0.08	0.10	0.12	0.20	0.24	0.40	0.48	0.80
6	>18～24	0.09	0.11	0.14	0.22	0.28	0.44	0.56	0.88
7	>24～30	0.10	0.12	0.16	0.24	0.32	0.48	0.64	0.96
8	>30～40	0.11	0.13	0.18	0.26	0.36	0.52	0.72	1.00
9	>40～50	0.12	0.14	0.20	0.28	0.40	0.56	0.80	1.36
10	>50～65	0.13	0.16	0.22	0.32	0.46	0.64	0.92	1.40
11	>65～80	0.14	0.19	0.26	0.38	0.52	0.76	1.00	1.60
12	>80～100	0.16	0.22	0.30	0.44	0.60	0.88	1.20	1.80
13	>100～120	0.18	0.25	0.34	0.50	0.68	1.00	1.40	2.00
14	>120～140		0.28	0.38	0.56	0.76	1.10	1.50	2.20
15	>140～160		0.31	0.42	0.62	0.84	1.20	1.70	2.40
16	>160～180		0.34	0.46	0.68	0.92	1.40	1.80	2.70
17	>180～200		0.37	0.50	0.74	1.00	1.50	2.00	3.00
18	>200～225		0.41	0.56	0.82	1.10	1.60	2.20	3.30
19	>225～250		0.46	0.62	0.90	1.20	1.80	2.40	3.60
20	>250～280		0.50	0.68	1.00	1.30	2.00	2.60	4.00
21	>280～315		0.55	0.74	1.10	1.40	2.20	2.80	4.40
22	>315～355		0.60	0.82	1.20	1.60	2.40	3.20	4.80
23	>355～400		0.65	0.90	1.30	1.80	2.60	3.60	5.20
24	>400～450		0.70	1.00	1.40	2.00	2.80	4.00	5.60
25	>450～500		0.80	1.10	1.60	2.20	3.20	4.40	6.40

注：表中的公差值根据配合性质分为上、下偏差。用于基准孔或非配合孔，冠以（+）号；用于基准轴或非配合轴，冠以（-）号；用于非配合长度及孔距尺寸时，取表中数值之半，冠以（±）号。

目前，根据我国的塑料制件成型水平，塑料制件分为 8 个精度等级，每种塑料可选其中 3 个等级，即较高精度、一般精度、较低精度，如表 1-5 所示。较高精度等级适用于较精密配合；一般精度等级适用于一般配合；较低精度等级适用于非配合；未标注公差尺寸，采用 IT14 的精度等级。当采用的精度等级不能满足使用要求时，可将原采用的精度等级相应提高一级或二级。

表 1-5　　　　　　　　　　　　塑料制件精度等级的选用推荐

类　别	塑料名称	推荐精度等级		
		较　高	一　般	较　低
1	聚苯乙烯	IT8	IT9	IT10
	ABS			
	聚甲基丙烯酸甲酯			
	聚碳酸酯			
	聚砜			
	聚苯醚			
	酚醛塑料			
	氨基塑料			
	30%玻璃纤维增强塑料			
2	聚酰胺 6, 66, 610, 1010, 9	IT9	IT10	IT11
	氯化聚醚			
	聚氯乙烯（硬）			
3	聚甲醛	IT10	IT11	IT12 IT13
	聚丙烯			
	聚乙烯（高密度）			
4	聚氯乙烯（软）	IT11	IT12 IT13	IT14
	聚乙烯（低密度）			

2. 塑料制件的表面质量

塑料制件的表面质量主要是指制件表面缺陷和表面粗糙度。

塑料制件的表面缺陷包括毛边、起泡、翘曲、熔接痕、缺料、溢料、凹陷、银纹、色泽不均、喷射痕、扭曲、龟裂等，这些缺陷与塑料的配方、模具注射时的成型工艺条件、模具设计等多种因素相关。

塑料制件的表面粗糙度主要取决于模具型腔壁的表面粗糙度，模具型腔壁的表面粗糙度数值上应比塑料制件的表面粗糙度低 1～2 级，而塑料制件表面粗糙度随着模具型腔的磨损增大而增加。目前，注射成型的塑料制件的表面粗糙度可取 $Ra0.02\sim1.25\mu m$。用超声波、电解抛光模具表面能达到 $Ra0.05\mu m$。

制件表面粗糙度越低，对模具型腔表面的制造加工要求越高，模具成本越高。另外，由于模具使用过程中的型腔磨损，要求应随时对型腔进行抛光修复，延长模具的寿命。一般对制件表面粗糙度的要求应根据实际需要来定，如透明制件的表面粗糙度就有严格要求，并且其内、外表面的粗糙度要求应一致。

不同加工方法和不同材料所能达到的表面粗糙度如表 1-6 所示。

表 1-6   **不同加工方法和不同材料所能达到的表面粗糙度**

加工方法	塑料名称		Ra 参数值范围（μm）										
			0.025	0.05	0.10	0.20	0.40	0.80	1.60	3.20	6.30	12.50	25
注射成型	热塑性塑料	PMMA	—	—	—	—	—	—	—				
		ABS	—	—	—	—	—	—	—				
		AS	—	—	—	—	—	—	—				
		聚碳酸酯			—	—	—	—	—				
		聚苯乙烯			—	—	—	—	—	—			
		聚丙烯			—	—	—	—	—				
		尼龙			—	—	—	—	—				
		聚乙烯				—	—	—	—	—	—		
		聚甲醛				—	—	—	—				
		聚砜				—	—	—	—				
		聚氯乙烯				—	—	—	—				
		氯苯醚				—	—	—	—				
		氯化聚醚				—	—	—	—				
		PBT					—	—	—	—			
	热固性塑料	氨基塑料				—	—	—	—				
		酚醛塑料				—	—	—	—				
		硅酮塑料					—	—	—				
压制和挤压成型		氨基塑料				—	—	—	—				
		酚醛塑料				—	—	—	—				
		嘧胺塑料				—	—	—	—				
		硅酮塑料					—	—	—				
		DAP					—	—	—				
		不饱和聚酯					—	—	—				
		环氧塑料				—	—	—	—				
机械加工		有机玻璃	—										
		尼龙							—	—			
		聚四氟乙烯							—	—			
		聚氯乙烯						—	—	—	—	—	
		增强塑料							—	—	—	—	—

1.2.2 塑料制件的形状

塑料制件的几何形状应尽可能保证有利于成型的原则，即在开模取出塑件时，尽可能不采用复杂的瓣合分型与侧抽芯。为此，塑件的内、外表面形状要尽量避免旁侧凹陷结构，否则，不但模具结构复杂，制造周期延长，成本提高，模具生产率降低，而且还会在分型面上留下毛边，增加塑件的修整工作量。因此，在模具设计时要深入了解塑料制件的使用要求，慎重修改不利于成型的结构，达到简化模具结构、缩短制造周期、提高塑件质量的目的。

如图 1-2（a）所示的塑件的侧孔，需要采用侧面型芯来成型，并要用斜导柱或其他抽芯机构来完成侧面抽芯，这就使模具结构复杂化。如改用图 1-2（b）所示的结构，则可克服上述缺陷。

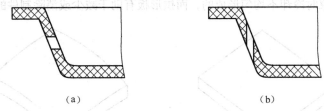

图 1-2　具有侧孔的塑件

如图 1-3（a）所示的塑件，侧凹必须用镶拼式凸模来成型，否则塑件无法取出。采用镶拼结构，不但使模具结构复杂，而且还会在塑件表面留下镶拼痕迹，修整困难。在允许的情况下，改用图 1-3（b）所示的形式比较合理。

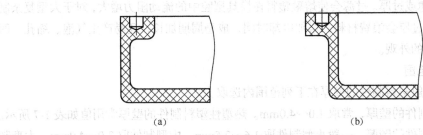

图 1-3　具有侧凹的塑件

1.2.3　壁厚

任何塑料制件都需要有一定的壁厚。这是因为，熔融塑料在成型时要有良好的流动性，并且一定的壁厚可以保证制件有足够的强度和刚度，也便于制件的脱模。

1. 壁厚的设计要点

① 塑料制件的壁厚应力求均匀、厚薄适当，以减小应力的产生，并且壁厚的大小及形状必须考虑制件构造强度、脱模强度等因素。如图 1-4（a）、（b）、（c）所示制件的壁厚不均匀，厚壁处易产生气泡，应改成图 1-4（d）、（e）、（f）所示的结构比较合理。

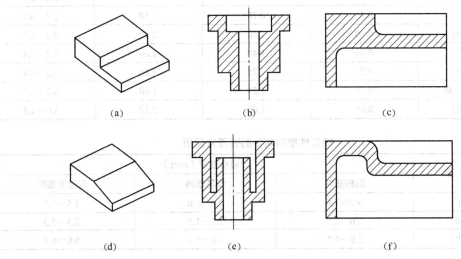

图 1-4　壁厚设计对比

② 均匀壁厚的平板类制件会产生翘曲变形，应将平板改成拱形板，如图 1-5 所示。这种翘曲变形是由于成型结束时冷却不均匀形成的，而拱形板有助于减少或消除制件的翘曲变形。

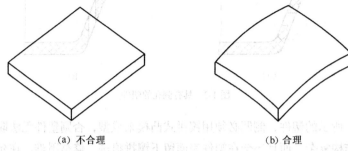

(a) 不合理　　　　　　　　　　　　　　(b) 合理

图 1-5　平板类制件的设计

③ 壁厚不能过薄或过厚。过薄会使熔融塑料在模具型腔中的流动阻力增大，对于大型复杂制件则难以充满型腔；过厚会浪费材料，增加冷却时间，成型周期加长，还易产生气泡、缩孔、凹陷等缺陷，影响制件的外观。

2. 壁厚的取值范围

在实际生产中一般塑料制件的壁厚在下列范围内选取。

① 热塑性塑料制件的壁厚，常取 1.0～4.0mm。热塑性塑料制件的壁厚常用值如表 1-7 所示。

② 热固性塑料制件的壁厚，一般小型制件取 1.6～2.5mm，中型制件取 2.0～4.0mm，大型制件取 3.2～8.0mm。热固性塑料制件的壁厚常用值如表 1-8 所示。

③ 流动性差的塑料，可适当加大壁厚，但一般不超过 10 mm。

表 1-7　热塑性塑料制件的壁厚常用值

塑 料 名 称	最小壁厚（mm）	常用壁厚（mm）		
		小 型 制 件	中 型 制 件	大 型 制 件
聚乙烯	0.60	1.25	1.60	2.4～3.2
聚丙烯	0.85	1.45	1.75	2.4～3.2
聚氯乙烯（软）	0.85	1.25	2.25	2.4～3.2
聚氯乙烯（硬）	1.20	1.60	1.80	3.2～5.8
尼龙	0.45	0.76	1.50	2.4～3.2
有机玻璃	0.80	1.50	2.20	4.0～6.5
聚甲醛	0.80	1.40	1.60	3.2～5.4
聚苯乙烯	0.75	1.25	1.60	3.2～5.4
改性聚苯乙烯	0.75	1.25	1.60	3.2～5.4
聚碳酸酯	0.95	1.80	2.30	3.0～4.5

表 1-8　热固性塑料制件的壁厚常用值

制 件 高 度	最小壁厚（mm）		
	酚醛塑料	氨基塑料	纤维素塑料
40 以下	0.7～1.5	0.9～1.0	1.5～1.7
40～60	2.0～2.5	1.3～1.5	2.5～3.5
60 以上	5.0～6.5	3.0～3.5	6.0～8.0

1.2.4 脱模斜度

由于塑件冷却后产生收缩，会使塑件紧紧包住模具型芯和型腔中的凸起部分，为了便于取出塑件，防止脱模时撞伤或擦伤塑件，在设计塑件时，其内外表面沿脱模方向均应具有足够的脱模斜度，如图 1-6 所示。

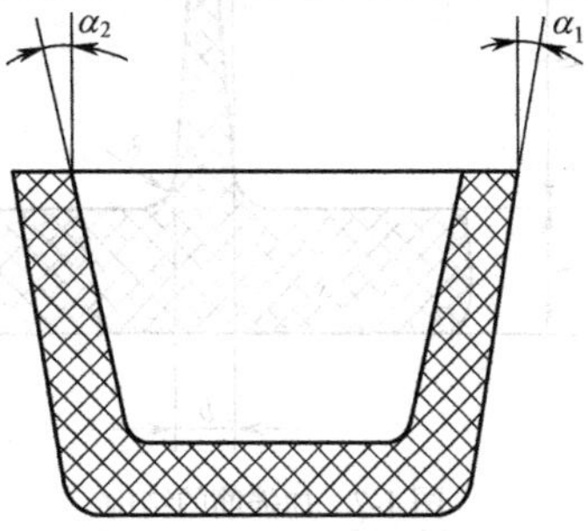

脱模斜度又称拔模斜度、出模斜度，是指与脱模方向平行的塑料制件的表面上应具有的倾斜角度，其值以度数表示。脱模斜度与塑料品种、制件形状、模具结构等有关。

在设计时，应注意以下几个方面：

① 对于较硬和较脆的塑料制件，脱模斜度可以取大值；

② 塑料的收缩率较大或制件的壁厚较大时，应取较大的脱模斜度；

图 1-6　脱模斜度

③ 热塑性塑料制件应比热固性塑料制件的脱模斜度大一些；

④ 对于大型的塑料制件，要求内表面的脱模斜度大于外表面的脱模斜度；

⑤ 对于高度较大及精度较高的塑料制件应选较小的脱模斜度；

⑥ 型芯长度及型腔深度较大，脱模斜度应适当缩小，通常取 $0.5°$。

表 1-9 所示为根据不同的塑料品种而推荐的脱模斜度。

表 1-9　　常见塑料的脱模斜度

塑 料 种 类	脱 模 斜 度
聚乙烯、聚丙烯、软聚氯乙烯	$30'\sim1°$
尼龙、聚甲醛、氯化聚醚、聚苯醚、ABS	$40'\sim1°\ 30'$
硬聚氯乙烯、聚碳酸酯、聚砜、聚苯乙烯、有机玻璃	$50'\sim2°$
热固性塑料	$20'\sim1°$

1.2.5 加强筋与凸台

1. 加强筋

加强筋的作用是在不增加壁厚的情况下，增加塑料制件的强度和刚度，避免塑料制件翘曲变形。加强筋的形状和尺寸如图 1-7 所示。筋的宽度 b 应不大于壁厚 t；高度 $h\leqslant3t$；脱模斜度 $\alpha=2°\sim3°$；筋的顶部应为圆角，筋的底部也须用圆角 R 过渡，R 应不小于 $0.25t$。

加强筋的设计应注意以下几个方面。

① 加强筋与所加强部分的侧壁连接处应采用圆弧过渡，如图 1-7 所示。

② 加强筋厚度不应大于塑料制件壁厚。一般加强筋的壁厚是所加强部分壁厚的 0.4 倍，最大不超过 0.6 倍。

③ 为了增强塑料制件的强度及刚性，加强筋应设计得矮一些，多一些为好。

④ 加强筋之间的间距应大于 4 倍的壁厚，加强筋的高度应低于塑件高度的 0.5mm 以上，如图 1-8 所示。

⑤ 加强筋不应设置在大面积塑料制件中间，加强筋分布应相互交错，如图 1-9 所示，但要注意相交带来的壁厚不均匀性问题。

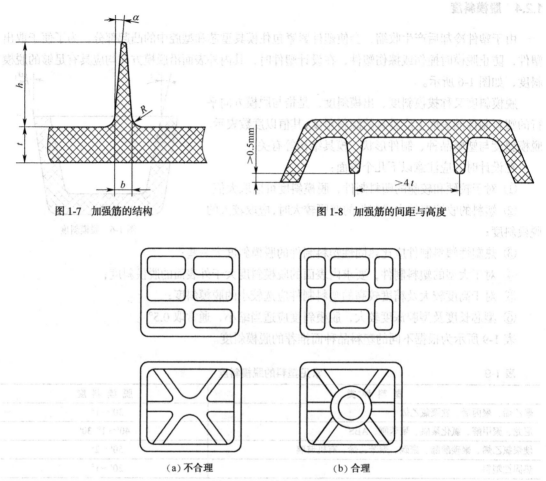

图 1-7　加强筋的结构　　　　　　　　　图 1-8　加强筋的间距与高度

（a）不合理　　　　　　　　　　（b）合理

图 1-9　加强筋应交错分布

2. 凸台

凸台是用来增强孔或装配附件的凸出部分的。凸台应有足够的强度，同时应避免因凸台尺寸过渡而在其周围发生形状突变。

如图 1-10 所示，凸台应设置在塑料制件的边角，高度应高出平面 0.5mm 以上，有足够的强度，恰当的脱模斜度。

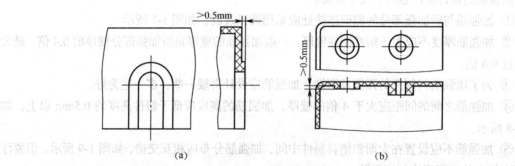

图 1-10　凸台结构

1.2.6 圆角

塑料制件除了在使用要求上必须采用尖角之外，其余所有转角处均应采用圆弧过渡，因为尖角处易产生应力集中，影响塑料制件强度。采用圆角的优点主要有两方面：

① 避免应力集中，提高了塑料制件的强度及外观质量；

② 模具在淬火和使用时不致因应力集中而开裂。

实际生产中，一般外圆角半径应取 1.5 倍的壁厚，内圆角半径取 0.5 倍的壁厚，如图 1-11 所示。

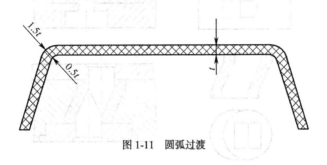

图 1-11　圆弧过渡

1.2.7 孔

塑料制件上常常带有各种通孔和盲孔，这些孔是用模具的型芯来成型的，在设计上应注意以下几点。

① 孔应设置在不易削弱塑料制件强度的地方。

② 在孔之间及孔与边缘之间均应有足够的距离（一般应大于孔径）。表 1-10 所示为热固性塑料制件孔径相等时孔间距、孔边距与孔径的关系，当两孔直径不一样时，按小的孔径取值。热塑性塑料制件按表中值的 75%确定。

表 1-10　热固性塑料制件孔间距、孔边距与孔径的关系

孔径 d（mm）	<1.5	1.5~3	3~6	6~10	10~18	18~20	
孔间距 孔边距 b（mm）	1~1.5	1.5~2	2~3	3~4	4~5	5~7	

③ 塑料制件上起固定作用的孔，其四周应采用凸台来加强，如图 1-10 所示。

④ 盲孔只能用一端固定的型芯成型，其深度应浅于通孔。通常，注射成型时孔深不超过孔径的 4 倍，压缩成型时压制方向的孔深不超过孔径的 2 倍。

⑤ 当塑料制件的孔为异型孔时（斜孔或复杂形状孔），可采用拼合型芯的方法成型，以避免侧向抽芯结构。图 1-12 所示为几种异型孔的成型方法，图 1-12（a）所示为异型孔的特殊形状，图 1-12（b）所示为拼合型芯的布置方法。

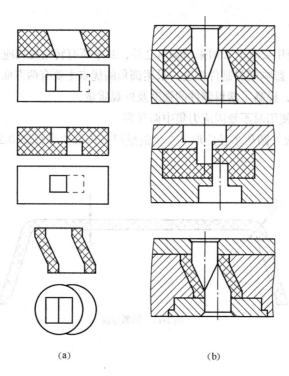

（a）　　　　　　　　　　　　（b）

图 1-12　几种复杂孔的成型方法

1.2.8　螺纹

　　塑料制件上的螺纹可以在模塑时直接成型，也可在模塑后机械加工成型。一般情况下，直接采用塑料模成型，无需机械加工，应用范围更加广泛。

　　螺纹在设计上应注意以下几点。

　　① 模塑的螺纹其外螺纹直径不宜小于 4mm，内螺纹直径不宜小于 2mm，精度不高于 3 级，并且螺纹应选用螺纹牙型尺寸较大的，螺纹直径较小时不宜采用细牙螺纹，因为螺纹牙型尺寸过小会影响使用强度，可参照表 1-11 所示合理选择螺纹的大小。

表 1-11　塑料螺纹选用范围

螺纹公称直径 （mm）	螺纹类别				
	公制标准螺纹	1 级细牙螺纹	2 级细牙螺纹	3 级细牙螺纹	4 级细牙螺纹
<3	+	−	−	−	−
3～6	+	−	−	−	−
6～10	+	+	−	−	−
10～18	+	+	+	−	−
18～30	+	+	+	+	−
30～50	+	+	+	+	+

　　注："+"为建议采用的范围；"−"为建议不采用的范围。

　　② 为防止塑料制件上螺孔的最外围螺纹崩裂或变形，应使孔始端有一深度 0.2～0.8mm 的台阶孔，螺纹末端也不宜延伸到与底面相接处，一般留有不小于 0.2mm 距离，如图 1-13 所示。

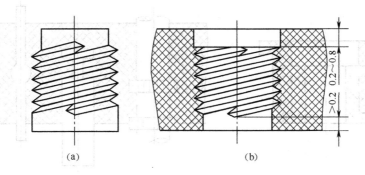

图 1-13 塑料螺纹结构

③ 螺纹的形状尽量采用圆形或梯形，如图 1-14 所示。

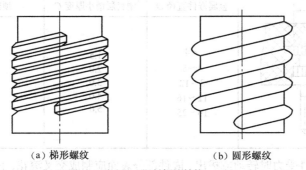

（a）梯形螺纹 （b）圆形螺纹

图 1-14 塑料螺纹结构

④ 当需要在塑料制件的同一轴线上压制两段或几段螺纹时，必须使螺纹和旋转方向相同，否则就无法拧下来。

1.2.9 嵌件

模塑在塑料制件中的金属零件简称嵌件。嵌件的材料有各种有色金属或黑色金属，也有玻璃、木材、已成型的塑料件等，其中金属嵌件使用得最多。

1. 嵌件的用途

① 提高塑料制件局部的强度、硬度、耐磨性、导电性、导磁性。

② 增强塑料制件的尺寸和形状的稳定性、高精度。

③ 降低塑料的消耗及满足其他多种要求。

采用嵌件一般会增加塑料制件的成本，使模具结构复杂，并且在塑料制件成型加工时，安装嵌件会降低生产率并难于实现自动化。

常见的金属嵌件形式如图 1-15 所示。

2. 嵌件的结构要求

① 金属嵌件尽可能采用圆形或对称形状，以保证收缩均匀。

② 为了防止塑料制件应力开裂，嵌件周围的塑料层应有足够的厚度，同时嵌件本身结构不应带有尖角。金属嵌件周围的塑料层厚度如表 1-12 所示。

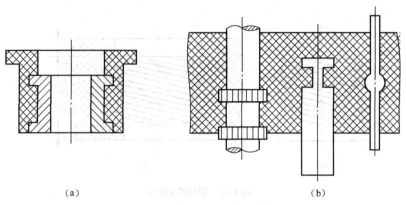

（a）　　　　　　　　　　　　（b）

图 1-15　常见的金属嵌件形式

表 1-12　　　　　　　　　　　　　金属嵌件周围的塑料层厚度　　　　　　　　　　　　单位：mm

金属嵌件直径 D	塑料层最小厚度 C	顶部塑料层最小厚度 H
< 4	1.5	0.8
4～8	2.0	1.5
8～12	3.0	2.0
12～16	4.0	2.5
16～25	5.0	3.0

③ 为了防止嵌件受力时转动或拔出，嵌件部分表面应制成交叉滚花、直纹滚花、沟槽、开孔、弯曲等结构，使嵌件固定在模具内。

1.2.10　铰链与搭扣

1. 铰链

塑料铰链现已普遍使用，如塑料筒与盖、盒壳与盒盖、可开合的支架等。其主要原理是用中间的薄膜把两件（如上盖和下盖）联接起来。设计时应注意以下几点。

① 塑料制件本身壁厚小的，中间薄膜处应相应薄一些；壁厚大的，中间薄膜处应相应厚一些，但不能超过 0.5mm，否则失去作用。

② 在成型过程中，塑料必须从塑料制件本身的一侧，通过中间薄膜流向另一侧。脱模后立即折曲几次。图 1-16 所示为可夹持 3 根导管或线缆

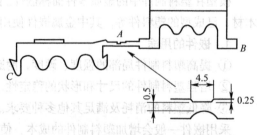

图 1-16　可夹持三根导管或线缆的塑料夹持器

的塑料夹持器，加工时熔融塑料从 B 点进入型腔，经过 A 处，一直到充满 C 点，脱模后，立即在 A 处折曲几次。

2. 搭扣

搭扣是塑料制件的一种联接方法，使用方便，价格低廉。它可以用于临时性和永久性的联接，且具有结构简单、装配容易、加工方便、不需要紧固件等优点，因此在国外一些发达国家中，搭

扣联接已广泛应用于各种塑料制件。目前我国在研制和推广塑料制件搭扣联接方面尚有差距。

生活中常见的搭扣有拉链联接、卡钩联接、捆扎联接、合页联接、按扣联接、插口联接等形式。

（1）拉链联接

拉链广泛用于塑料袋和箱包的密封，用挤出成型法生产，PE、PVC 等作为原材料，如图 1-17 所示。

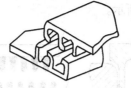

图 1-17　拉链的结构

（2）卡钩联接

卡钩主要用于经常拆卸的地方（例如笔记本电脑电源、手机外壳组装的地方）和一些箱盖的活动联接。它是利用热塑性塑料的弹性使联接面产生摩擦力来夹紧的。图 1-18 所示为各种形式的卡钩。

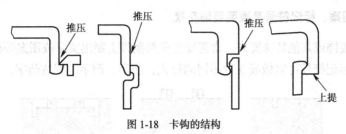

图 1-18　卡钩的结构

（3）捆扎联接

捆扎联接常用的是各种系绳，用于衣服标签的联接、导线的捆扎等方面，要求联接速度快、牢固可靠。系绳多采用棘齿、锯齿、球珠等结构，在捆扎后因反方向受阻而锁紧，如图 1-19 所示。

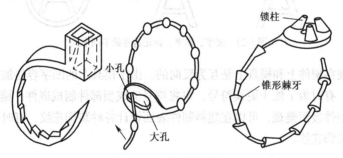

图 1-19　各种系绳的结构

（4）合页联接

合页联接是盒体和盖的联接，如图 1-20 所示，其特点是模具结构简单，装配容易，适用于聚烯烃类塑料盒。

（5）按扣联接

如图 1-21 所示的按扣是用软塑料来成型的，主要用于片材的联接和一些衣服上的按扣联接。

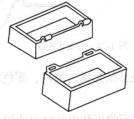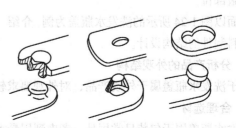

图 1-20　合页联接的结构　　　　　　　　　　图 1-21　按扣的结构

（6）插口联接

插口联接多用于各种箱包上、衣服上，它是利用机械互锁和两件之间的摩擦力来实现塑料制件彼此联接的，如图1-22所示。

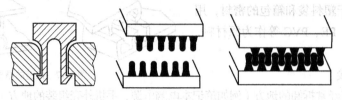

图1-22　插口联接的结构

1.2.11　文字、图案、标记符号及表面装饰花纹

由于造型、装饰或其他特殊要求，常需要在塑料制件上制出文字或图案等标志。塑料制件上的文字、图案、标记符号可以做成3种不同的形式：凸字、凹字、凹坑凸字，如图1-23所示。

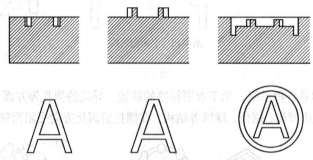

图1-23　文字、图案、标记符号的不同形式

这些符号表现在塑件上和模具上是互为反向的。由于模具上的凹字容易加工，所以塑件上的符号多采用凸字。有时为了便于更换符号，可将符号的成型部件制成嵌件，镶嵌在模具上。

为了使塑料制件表面美观，可以在塑料制件表面设计各种装饰花纹，有时可在塑料成型后粘上或烫印上各种装饰花纹。

1.3　塑料制件结构设计示例

设计塑料产品时必须综合考虑产品外观、性能和工艺之间的矛盾。有时牺牲部分工艺性，可得到很好的外观或性能。当结构设计实在无法避免成型产生的缺陷时，应尽可能让缺陷发生在产品的隐蔽部位。

下面以图1-24所示的洗发水瓶盖为例，介绍一下塑料制件的结构设计。

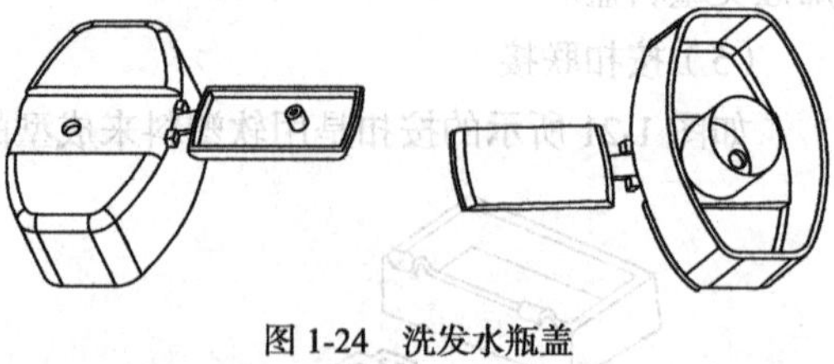

1. 分析产品的外观结构

由于洗发水瓶盖属于外观产品，对外观要求较严格，如外观必须光泽、饱满、颜色均匀。

2. 合理选材

洗发水瓶盖用于包装日常用品，考虑到用量大，应该选择可回收再利用的热塑性塑料。参照

图1-24　洗发水瓶盖

表 1-1 所示常用塑料的性能，以及塑料的成型工艺特点，了解到聚丙烯（PP）属于结晶性塑料，流动性极好，吸湿性小，并且同类产品也都选择 PP，所以，主要材料定为 PP。辅助材料中需要添加着色剂，根据客户要求的颜色选择浅蓝色的着色剂。

最后，洗发水瓶盖的材质：PP+浅蓝色着色剂。收缩率：1.5%。

3. 产品结构及工艺分析

结合本章 1.2 节塑料制件的结构工艺性，分析洗发水瓶盖的结构是否合理，并改善不合理的地方，但当不能满足客户尺寸要求时，要及时与客户协调，并在模具结构设计方面、注射机的参数调节方面进行综合改善。

洗发水瓶盖的成型壁厚均匀但比较薄（0.80mm），而对聚丙烯（PP）的成型壁厚应不低于 0.85mm，0.80mm 的壁厚成型时易发生翘曲、变形，解决办法是增加产品强度。

洗发水瓶盖采用热塑性塑料聚丙烯，壁厚较薄，成型时型芯深度不大，脱模斜度可确定为 30′ 或忽略脱模斜度而强制脱模。

洗发水瓶盖部分尺寸如图 1-25 所示。

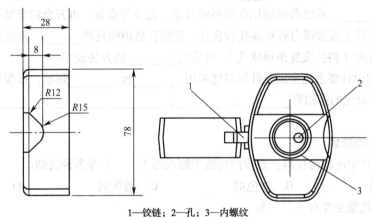

1—铰链；2—孔；3—内螺纹

图 1-25 洗发水瓶盖部分尺寸

瓶盖边缘部分均设计圆角，孔设计成通孔便于模具结构的设计，很合理。

内螺纹形状设计成圆形，螺纹两端有台阶孔，台阶孔的深度均为 1.0mm。

铰链不应该太长，要保证小盖扣上后，表面无拱形、恰好吻合。同时小盖口与大盖口的配合应紧固，不宜松动。

瓶盖内部的加强筋在成型后可能脱模困难，要在模具结构上改善。

综上所述，此塑料制件的结构基本合理，在后期的模具结构设计、成型条件上可以逐渐改善，使其达到客户的要求。

练习题

一、填空题

1. 塑料制件所使用的主要原料和辅助材料，一般包括_____和_____两大部分。

2. 塑料按照应用范围可分为_____、_____和_____。

3. 塑料按照成型特性可分为_____和_____。

4. 塑料的成型工艺特点包括_____、_____、_____、_____、_____、_____等。

5. 塑料制件的表面质量主要是指制件_____和_____。

6. 塑料制件冷却后产生收缩，会使塑料制件紧紧包住模具_____和型腔中的_____，为了便于取出塑料制件，防止脱模时撞伤或擦伤塑料制件，设计塑料制件时，其内外表面沿脱模方向均应具有足够的脱模斜度。

7. 加强筋的作用是在不增加壁厚的情况下，增加塑料制件的_____和_____，避免塑料制件翘曲变形。加强筋厚度不应大于塑料制件壁厚。一般加强筋的壁厚是所加强部分壁厚的_____倍，最大不超过_____倍。

8. 凸台应设置在制件的_____，高度应高出平面_____mm 以上，有足够的强度，恰当的脱模斜度。

9. 塑料制件的尖角处易产生应力集中，影响塑料制件强度。所以除了使用要求上必须采用尖角之外，其余所有转角处均应采用_____。

10. 塑料_____现已普遍应用在塑料筒与盖、盒壳与盒盖、可开合的支架等处的联接。

11. 塑料制件上常常带有各种通孔和盲孔，这些孔是用模具的_____来成型的，当塑料制件的孔为异型孔时（斜孔或复杂形状孔），可采用_____的方法成型。

12. 嵌件的设计要求是金属嵌件尽可能采用_____或_____形状，以保证收缩均匀。

13. 生活中常见的搭扣有_____、_____、_____、_____、_____、_____等形式。

二、不定项选择题

1. 塑料制件中的辅助材料，是指向树脂中加入的（　　）等多种助剂。

A. 润滑剂　　　　　B. 着色剂　　　　　C. 增塑剂　　　　　D. 阻燃剂

2. 塑料的性能主要有（　　）。

A. 绝缘性能好　　　B. 质量轻　　　　　C. 耐腐蚀性能好　　D. 吸振性能好

3. 实际生产中，一般外圆角半径应取（　　）倍的壁厚，内圆角半径取（　　）倍的壁厚。

A. 1.5　　　　　　B. 1.0　　　　　　C. 0.5　　　　　　D. 2.0

4. 塑件的内、外表面存在（　　）时，需要采用侧面型芯来成型。

A. 凸台　　　　　　B. 侧孔　　　　　　C. 侧凹　　　　　　D. 图案

5. 关于脱模斜度，下列说法正确的是（　　）。

A. 热固性塑料制件应比热塑性塑料制件的脱模斜度大一些

B. 壁厚大的塑料制件的斜度也应小一些

C. 对于大型的塑料制件，要求内表面的脱模斜度小于外表面的脱模斜度

D. 对于较硬和较脆的塑料制件，脱模斜度可以取大值

6. 关于螺纹，下列说法正确的是（　　）。

A. 螺纹应选用螺纹牙型尺寸较大的　　　B. 螺纹的形状尽量采用圆形或梯形

C. 螺纹可以直接采用塑料模成型　　　　D. 螺纹末端应延伸到与底面相接处

7. 关于孔，下列说法正确的是（　　）。

A. 孔之间及孔与边缘之间均应有足够的距离　　B. 盲孔只能用一端固定的型芯成型

C. 孔设置在不易削弱塑料制件强度的地方　　　D. 所有孔四周应采用凸台来加强

8. 下列塑料中（　　　）是热塑性塑料。

A. 聚乙烯　　　　　　　B. 尼龙　　　　　　　C. 酚醛树脂　　　　　　D. 有机玻璃

9. 聚氯乙烯的英文代码是（　　　）。

A. PA　　　　　　　　　B. PC　　　　　　　　C. PVC　　　　　　　　D. PE

10. 下列塑料中（　　　）是热固性塑料。

A. 聚碳酸酯　　　　　　B. 聚氯乙烯　　　　　C. 有机玻璃　　　　　　D. 环氧树脂

11. 塑料制件的表面缺陷，如毛边、起泡、翘曲等，这些与（　　　）等因素相关。

A. 塑料的配方　　　　　B. 模具温度　　　　　C. 模具设计　　　　　　D. 注射压力

12. 为了防止嵌件受力时转动或拔出，嵌件部分表面应制成（　　　）等结构，使嵌件固定在模具内。

A. 交叉滚花　　　　　　B. 沟槽　　　　　　　C. 开孔　　　　　　　　D. 弯曲

三、判断题

1. 热固性塑料可以反复加工，废品可以回收再利用。（　　　）

2. 塑料制件的壁厚应力求均匀、厚薄适当。（　　　）

3. 为了增强塑料制件的强度及刚性，加强筋应设计得高一些，多一些为好。（　　　）

4. 塑料制件的表面粗糙度主要取决于模具型腔壁的表面粗糙度，模具型腔壁的表面粗糙度数值上应比塑料制件的表面粗糙度低 1～2 级。（　　　）

5. 流动性差的塑料，可适当减小壁厚，但一般不小于 10 mm。（　　　）

6. 对于高度较大及精度较高的塑料制件应选较大的脱模斜度。（　　　）

7. 为了防止塑料制件应力开裂，嵌件周围的塑料层应有足够的厚度，同时嵌件本身结构不应带有尖角。（　　　）

8. 拉链广泛用于塑料袋和箱包的密封，用挤出成型法生产。（　　　）

9. 加强筋厚度应大于塑料制件壁厚。（　　　）

10. 塑料制件结构上采用圆角，可以避免应力集中，提高了塑料制件的强度及外观效果。（　　　）

四、问答题

1. 目前，常用的塑料分为哪几类？

2. 塑料的使用性能有哪些？

3. 影响塑料制件尺寸公差的因素有哪些？

4. 设计塑料制件时，制件壁厚的设计原则是什么？

5. 脱模斜度对塑料制件的成型有何意义？如何确定脱模斜度？

6. 塑料制件在设计时，对孔的位置有什么要求？

7. 塑料铰链常常用在哪些方面？设计时应注意些什么？

8. 塑料搭扣的常见形式有哪些，各有什么特点？

第2章

注射成型工艺与模具结构

注射成型是塑料成型的一种重要方法，它主要适用于热塑性塑料的成型，也称为注塑成型。随着注射成型技术的发展，到目前为止，部分热固性塑料也可以采用该方法成型。虽然塑料的品种很多，但其注射成型工艺过程是相似的。注射成型的塑料制件外观和内在质量好，生产效率高，所以得到广泛的应用。

2.1 注射成型原理和工艺过程

2.1.1 注射成型原理和特点

1. 注射成型原理

注射成型原理如图 2-1 所示。以螺杆式注射机为例，颗粒状或粉状塑料经料斗加入到外部料筒内，料筒安装有电加热圈，颗粒状或粉状的塑料在螺杆的作用下边塑化边向前移动，被加热预塑的塑料在转动螺杆作用下通过其螺旋槽输送至料筒前端的喷嘴附近；螺杆的转动使塑料进一步塑化，料温在剪切摩擦热的作用下进一步提高，塑料得以均匀塑化。当料筒前端积聚的熔料对螺杆产生一定的压力时，螺杆就在转动中后退，直至与调整好的行程开关相接触，塑料预塑和储料（即料筒前部熔融塑料的储量）结束。接着注射液压缸开始工作，与液压缸活塞相连接的螺杆以一定的速度和压力将熔料通过料筒前端的喷嘴注入温度较低的闭合模具型腔，如图 2-1（a）所示；保压一定时间，经冷却固化后即可保持模具型腔所赋予的形状，如图 2-1（b）所示；然后开模分型，在推出机构的作用下，将注射成型的塑料制件推出型腔，如图 2-1（c）所示。

2. 注射成型的特点

注射成型具有成型周期短，生产效率高，能一次成型形状复杂、尺寸精确、带有金属或非金属嵌件的塑件，易于实现生产自动化等优点。到目前为止，除了氟塑料以外，几乎所有热塑性塑料都可以用注射成型方法成型，另外，一些流动性好的热固性塑料也可以用这种方法成型。所以注射成型广泛用于各种塑料制件的生产，其产量约占塑料制件总量的30%。

注射成型的缺点是所用注射设备价格较高，注射模具的结构复杂且生产成本高，因此注射成型不适用于单件小批量的塑件生产。

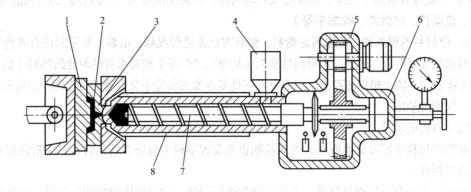

（a）塑化阶段

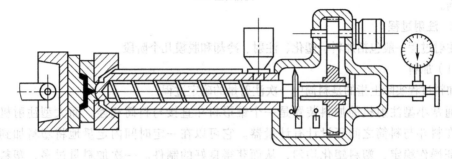

（b）注射阶段

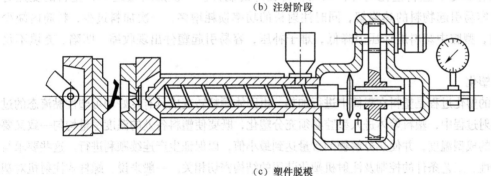

（c）塑件脱模

1—动模；2—塑料制件；3—定模；4—料斗；5—传动装置；6—液压缸；7—螺杆；8—加热器

图 2-1　注射成型原理

2.1.2　注射成型工艺过程

注射成型工艺过程就是在注射成型生产中，根据塑料制件的形状和使用要求，选择最适合的原材料和生产方式，选用合适的生产设备，设计合理的成型模具，最后获得尺寸、形状和使用性能都符合设计要求的合格塑料制件的过程。它包括成型前的准备、注射过程和塑料制件的后处理3 部分。

1. 成型前的准备

为了确保注射成型过程的顺利进行以及制件的质量，在成型前应做好以下准备工作。

（1）原材料的检验与预处理

a. 原材料的检验。原材料的检验包括 3 个方面：一是所用原材料是否正确（品种、规格、牌号等）；二是外观检验（色泽、颗粒度及其均匀性、有无杂质等）；三是物理工艺性能检验（熔融指数、流动性、热性能、收缩率等）。

b. 原材料的预处理。若原料是粉料，则有时还需进行混炼、造粒；如果制件有着色要求，则还要对原料进行染色；另外，对吸湿性塑料（如 PA、PC 等）和对水有粘附性的塑料（如 ABS 等）进行干燥处理，防止塑料在高温下因水分及其他易挥发的低分子化合物的存在而产生降解及银丝、斑纹、气泡等缺陷。

（2）料筒的清洗

在生产过程中需要更换原料，当调换颜色或发现塑料中有分解现象时，都应对注射机料筒进行清洗或拆换。

此外，对带有嵌件塑料制件，应先对嵌件进行预热；对脱模困难的塑料制件，应选择适合的脱模剂。

2. 注射过程

注射过程一般包括加料、塑化、注射、冷却和脱模几个阶段。

（1）加料

加料过程实际上指的是料筒中一次注射量的确定过程。

通常小型注射机的加料装置是一个锥形料斗直接与料筒相连，而大型注射机、精密注射机在料斗与料筒之间还设计有计量器。它可以在一定时间内定量地将塑料加到料筒中，以保证操作稳定，塑料塑化均匀，从而获得良好的制件。一次加料量过多，塑料的受热时间过长，容易引起物料的热降解，同时注射机的功率损耗增多；一次加料过少，料筒内缺少传压介质，型腔中塑料熔体压力降低，难于补压，容易引起塑件出现收缩、凹陷、充填不足等缺陷。

（2）塑化

塑料的塑化过程是塑料在料筒中进行加热，由固体颗粒转变成具有良好的可塑性黏流态的过程。在注射过程中，塑料熔体进入型腔必须充分塑化，既要使塑料各处的温度尽量均匀一致又要达到规定的成型温度，并使热分解物的含量达到最小值，以保证生产连续顺利进行。这些要求与塑料的特性、工艺条件的控制及注射机塑化装置的结构密切相关。一般来说，螺杆式注射机对塑料的塑化比柱塞式注射机要好得多。

（3）注射

注射过程可分为充模、保压、倒流、浇口冻结后的冷却、脱模等几个阶段。

a. 充模。塑化好的熔体被柱塞或螺杆推挤至料筒的前端，经喷嘴及模具浇注系统进入并填满整个型腔，这一阶段称为充模。

b. 保压。熔体在模具中冷却收缩时，继续保持施压状态的柱塞或螺杆迫使浇口附近的熔料不断补充入模具中，使型腔中的塑料能成型出形状完整而致密的塑件，这一阶段称为保压。

c. 倒流。保压结束后，柱塞或螺杆后退，若浇口熔料尚未冻结，则会因为型腔压力高于流道内压力而发生型腔中熔体通过浇口流向浇注系统的倒流现象，使塑件产生收缩、变形、质地疏松等缺陷。如果保压前浇口已经冻结，则倒流现象不会出现。

d. 浇口冻结后的冷却。浇口内的塑料已经冻结后，通入冷却水、油或空气等冷却介质，对模具进行进一步的冷却，使模具内塑料制件的温度低于该塑料的热变形温度，这一过程称为浇口冻结后的冷却。实际上，冷却过程从塑料注入型腔时就开始了，它包括从充模完成、保压到脱模前的这一段时间。

e. 脱模。塑件冷却到一定的温度即可开模，在推出机构的作用下将塑件推出模外。

3. 塑料制件的后处理

塑料制件脱模后，为了消除塑料制件内存在的内应力，改善塑料制件的性能和提高尺寸的稳定性，常需要进行适当的后处理。主要的后处理方法有退火和调湿处理。

（1）退火处理

退火处理是将注射塑料制件在一定温度的液体介质（如热水、热的矿物油、甘油、乙二醇、液体石蜡等）或热空气循环烘箱中静置一段时间，然后缓慢冷却的过程。退火处理目的是减小内应力，这在生产厚壁或带有金属嵌件的塑料制件时更为重要。

退火温度应控制在塑料制件使用温度以上 10℃～20℃，或塑料的热变形温度以下 10℃～20℃。退火处理的时间取决于塑料品种、加热介质温度、塑料制件的形状和成型条件。

（2）调湿处理

调湿处理是将刚脱模的塑料制件（通常是聚酰胺类塑料制件）放在沸水或醋酸钾水溶液中，以隔绝空气，防止对塑料制件的氧化，加快吸湿平衡速度，尽快稳定塑料制件的颜色、性能、形状及尺寸的一种后处理方法。调湿处理可以消除应力，改善制件的柔韧性。

2.1.3 注射成型工艺条件

注射成型过程中最重要的工艺参数有温度、压力、时间等。

1. 温度

在注射成型过程中，需要控制的温度有料筒温度、喷嘴温度和模具温度。其中料筒温度、喷嘴温度主要影响塑料的塑化和流动，模具温度则影响塑料的流动和冷却定型。

（1）料筒温度

不同的塑料具有特定的黏流态温度或熔点温度，为了保证塑料熔体的正常流动，不使塑料原料发生过热分解，料筒最适合的温度范围应在黏流温度或熔点温度和热分解温度之间。合理的料筒温度应保证塑料塑化良好，能顺利完成注射而不引起塑料分解。

料筒温度的选择与塑料的品种、特性有关。对于平均相对分子质量偏高、温度分布范围较窄的塑料，应选择较高的料筒温度，如玻璃纤维增强塑料。采用柱塞式塑化装置的塑料和注射压力较低时，应选择较高的料筒温度；反之，则选择较低的料筒温度。塑料制件结构复杂、壁薄、尺寸较大时，其料筒温度应取高一些，相反，注射厚壁的制件时，料筒温度应取低一些。

料筒的温度分布一般遵循从料筒的加料口（后段）到喷嘴逐渐升高的原则，即料筒的加料口（后段）处温度最低，喷嘴处的温度最高。料筒后段温度应比中段、前段温度低 5℃～10℃。对于吸湿性偏高的塑料，料筒后段温度偏高一些；对于螺杆式注射机，料筒前段温度略低于中段，以防止由于螺杆与熔料、熔料与熔料、熔料与料筒之间的剪切摩擦热而导致塑料过热分解。在注射同一种塑料时，螺杆式注射机料筒温度可比柱塞式注射机料筒温度低 10℃～20℃。

（2）喷嘴温度

喷嘴温度一般略低于料筒的最高温度。采用直通式喷嘴或喷嘴温度太高，熔料在喷嘴处会产生流涎现象，塑料易产生过热分解现象。但喷嘴温度也不能太低，否则易产生冷块或僵块，使熔体产生早凝，其结果是凝料堵塞喷嘴，或是将冷料注入模具型腔，导致塑件缺陷。

（3）模具温度

模具温度对熔体的充模流动能力、塑件的冷却速度、成型后的塑件性能等有直接影响。模具温度的选择取决于塑料的分子结构特点、塑件的结构及性能要求和其他成型工艺条件（熔体温度、注射速度、注射压力、成型周期等）。

提高模具温度可以改善熔体在模具型腔内的流动性，增加塑件的密度和结晶度，减小充模压力和塑件中的应力，但塑件的冷却时间会延长，冷却速度慢，易产生粘模现象，收缩率和脱模后塑件的翘曲变形会增加，降低生产率。降低模具温度，能缩短冷却时间，提高生产率，但模具温度过低时，熔体在模具型腔内的流动性能会变差，使塑件产生较大的应力、明显的熔接痕等缺陷。模具温度较低对降低塑件的表面粗糙度值、提高塑件的表面质量有利。

在需要降低模具温度的情况下，模具温度可以采用定温的冷却介质或制冷装置来控制；在需要提高模具温度的情况下，可用加热装置对模具加热来保持模具的温度。对热塑性塑料来说，模具温度都应低于塑料的热变形温度，这样能使塑料熔体在模具内冷却定型，并实现顺利脱模。

在生产过程中，模具温度的确定，需要考虑塑料品种和塑件的复杂程度。

对于高黏度塑料，如聚碳酸酯、聚苯醚、聚砜等，由于它们流动性差和充模能力弱，为了获得致密的组织结构，必须采用较高的模具温度；对于黏度较小、流动性好的塑料，如聚苯乙烯，可采用较低的模具温度，这样可缩短冷却时间，提高生产效率。

对于壁厚大的制件，因充模和冷却时间较长，若温度过低，很容易使塑件内部产生凹陷、真空气泡和较大的内应力，所以不宜采用较低的模具温度。

2. 压力

注射成型过程中的压力包括塑化压力、注射压力和保压压力，它们直接影响塑料的塑化和塑件质量。

（1）塑化压力

塑化压力又称背压，它是指采用螺杆式注射机注射时，螺杆头部熔料在螺杆转动时所受到的压力。这种压力的大小可以通过液压系统中的溢流阀调整。

注射中，塑化压力的大小是随螺杆的设计、塑件质量的要求、塑料的种类等的不同而确定的。如果这些情况和螺杆的转速都不变，则增加塑化压力即会提高熔体的温度，使熔体的温度均匀、色料混合均匀并排除熔体中的气体，但增加塑化压力也会降低塑化速率，延长成型周期，甚至可能导致塑料的降解。

一般操作中，在保证塑件质量的前提下，塑化压力应越低越好，其具体数值随所用塑料的品种而定，一般为6～20MPa。

（2）注射压力

注射压力是指注射机在注射时，柱塞或螺杆轴向移动时其头部对塑料熔体所施加的压力。在注射机上常用压力表指示出注射压力的大小，一般在40～130MPa，压力的大小可通过注射机的控制系统来调整。注射压力的作用是克服塑料熔体从料筒流向型腔的流动阻力，给予熔体一定的充型速率以便充满模具型腔并得以压实。

注射压力的大小取决于注射机的类型、塑料的品种以及模具浇注系统的结构、尺寸与表面粗糙度、模具温度、塑件的壁厚及流程的大小等。在其他条件相同的情况下，柱塞式注射机的注射压力应比螺杆式注射机的注射压力大，其原因在于塑料在柱塞式注射机料筒内的压力损耗比螺杆式注射机大。

通常，对流动性差的塑料，如聚碳酸酯、聚砜等，应采用较高的注射压力；对形状复杂、尺寸较大、壁厚较薄的制件或精度要求较高的制件，应采用较高的注射压力；当模具温度偏低时，应采用较高的注射压力。

（3）保压压力

型腔充满后，继续对模内熔料施加的压力称为保压压力。保压压力的作用是使熔料在压力下固化，并在收缩时进行补缩，从而获得完整的塑件。保压压力等于或小于注射时所用的注射压力。如果注射和压实时的压力相等，则往往可以使塑件的收缩率减小，并且它们的尺寸稳定性较好，这种方法的缺点是会造成脱模时的残余压力过大和成型周期过长。

保压压力大小也会对成型过程产生影响。保压压力太高，易产生溢料、溢边，增加塑件的应力；保压压力太低，会造成成型不足。

3. 时间（成型周期）

完成一次注射成型过程所需的时间称为成型周期。它包括合模时间、注射时间、保压时间、模内冷却时间和其他时间。

（1）合模时间

合模时间是指注射之前模具闭合的时间。合模时间太长，则模具温度过低，熔料在料筒中停留时间过长；合模时间太短，模具温度则相对较高。

（2）注射时间

注射时间是指从注射开始到充满模具型腔的时间（柱塞或螺杆前进时间）。在生产中，小型塑件注射时间一般为 3～5s，大型塑件注射时间可达几十秒。注射时间中的充模时间与充模速度成反比，注射时间缩短，充模速度提高。

（3）保压时间

保压时间是指型腔充满后继续施加压力的时间（柱塞或螺杆停留在前进位置的时间），一般为20～25s，特厚塑件可高达 5～10min。保压时间过短，塑件不紧密，易产生凹痕，塑件尺寸不稳定等；保压时间过长，加大塑件的应力，易产生变形、开裂，脱模困难。保压时间的长短不仅与塑件的结构尺寸有关，而且与料温、模温以及主流道和浇口的大小有关。

（4）模内冷却时间

模内冷却时间是指塑件保压结束至开模以前所需的时间（柱塞后撤或螺杆转动后退的时间均在其中）。冷却时间主要取决于塑件的厚度、塑料的热性能、结晶性能、模具温度等。冷却时间的长短应以脱模时塑件不引起变形为原则，冷却时间一般在30～120s。冷却时间过长，不仅延长生产周期，降低生产效率，对复杂塑件还将造成脱模困难。

（5）其他时间

其他时间是指开模、脱模、喷涂脱模剂、安放嵌件等时间。

模具的成型周期直接影响到生产率和注射机使用率，因此，生产中在保证质量的前提下应尽量缩短成型周期中各个阶段的有关时间。整个成型周期中，以注射时间和冷却时间最为重要，它们对塑件的质量均有决定性影响。常用塑料的注射工艺参数如表 2-1 所示。

各种塑料的注射工艺参数

表2-1

项目		LDPE	HDPE	乙丙共聚PP	PP	玻纤增强PP	软PVC	硬PVC	PS	HIPS	ABS	高抗冲ABS	耐热ABS	电镀级ABS	阻燃ABS	透明ABS	ACS
注射机类型		柱塞式	螺杆式	柱塞式	螺杆式	螺杆式	柱塞式	螺杆式	柱塞式	螺杆式	螺杆式	螺杆式	螺杆式	螺杆式	螺杆式	螺杆式	螺杆式
螺杆转速/(r/min)		—	30~60	—	30~60	30~60	—	20~30	—	30~60	30~60	30~60	30~60	20~60	20~50	30~60	20~30
喷嘴	形式	直通式	直通式	直通式	直通式	直通式	直通式	直通式	直通式	直通式	直通式	直通式	直通式	直通式	直通式	直通式	直通式
	温度/°C	150~170	150~180	170~190	170~190	180~190	140~150	150~170	160~170	160~170	180~190	190~200	190~200	190~210	180~190	190~200	160~170
料筒温度/°C	前段	170~200	180~190	180~200	180~200	190~200	160~190	170~190	170~190	170~190	200~210	200~210	200~220	210~230	200~220	200~220	170~180
	中段	—	180~200	190~220	200~220	210~220	—	165~180	—	180~190	210~230	210~230	220~240	230~250	210~240	220~240	180~190
	后段	140~160	140~160	150~170	160~170	160~170	140~150	160~170	140~160	160~170	180~200	180~200	190~200	190~210	170~190	190~200	160~170
模具温度/°C		30~45	30~60	50~70	40~80	40~90	30~40	30~60	20~60	20~50	50~70	50~80	60~85	40~80	50~70	50~70	50~60
注射压力/MPa		60~100	70~100	70~100	70~120	90~130	40~80	80~130	60~100	60~100	70~90	70~120	85~120	70~120	60~100	70~100	80~120
保压压力/MPa		40~50	40~50	40~60	50~60	40~50	20~30	40~60	30~40	30~40	50~70	50~70	50~80	50~70	30~60	50~60	40~50
注射时间/s		0~5	0~5	0~5	0~5	2~5	0~8	2~5	0~3	0~3	3~5	3~5	3~5	0~4	3~5	0~4	0~5
保压时间/s		15~60	15~60	15~60	20~60	15~40	15~40	15~40	15~40	15~40	15~30	15~30	15~30	20~50	15~30	15~40	15~30
冷却时间/s		15~60	15~60	15~50	15~50	15~40	15~30	15~40	15~30	10~30	15~30	15~30	15~30	15~30	10~30	10~40	15~30
成型周期/s		40~140	40~140	40~120	40~120	40~100	40~80	40~90	40~90	40~90	40~70	40~70	40~70	40~90	30~70	30~80	40~70

项目		SAN(AS)	PMMA	PMMA/PC	氟化聚醚	均聚POM	共聚POM	PET	玻纤增强PBT	PBT	PA6	玻纤增强PA6	PA11	玻纤增强PA11	PA12	PA66
注射机类型		螺杆式	螺杆式	螺杆式	螺杆式	螺杆式	螺杆式	螺杆式	螺杆式	螺杆式	螺杆式	螺杆式	螺杆式	螺杆式	螺杆式	螺杆式
螺杆转速/(r/min)		20~50	20~30	20~30	20~40	20~40	20~40	20~40	20~40	20~40	20~50	20~40	20~50	20~40	20~50	20~50
喷嘴	形式	直通式	直通式	直通式	直通式	直通式	直通式	直通式	直通式	直通式	直通式	直通式	直通式	直通式	直通式	自锁式
	温度/°C	180~190	180~200	220~240	170~180	170~180	170~180	250~260	210~220	200~220	200~210	200~210	180~190	180~200	170~180	250~260
料筒温度/°C	前段	200~210	180~210	230~250	180~250	170~190	170~190	260~270	230~240	230~240	220~230	220~240	185~200	200~220	185~220	255~265
	中段	210~230	190~210	240~260	180~260	180~200	180~200	260~280	240~260	230~250	230~240	230~250	190~220	220~250	190~240	260~280
	后段	170~180	180~200	210~230	180~190	170~180	170~180	240~260	220~230	230~240	210~220	210~220	180~190	180~200	240~250	240~250
模具温度/°C		50~70	40~80	60~80	80~110	90~120	90~100	100~140	65~75	60~70	60~100	80~120	60~90	90~120	70~110	60~120
注射压力/MPa		80~120	50~120	80~130	80~110	80~130	80~120	80~120	80~100	60~90	80~110	90~130	90~120	90~130	90~130	80~130
保压压力/MPa		40~50	40~60	40~60	30~40	30~50	30~50	30~50	40~50	30~40	30~50	30~50	30~50	40~50	30~50	40~50
注射时间/s		0~5	0~5	0~5	0~5	2~5	2~5	0~5	2~5	0~3	0~4	2~5	0~4	2~5	2~5	0~5
保压时间/s		15~30	20~40	20~40	15~50	20~80	20~90	20~50	10~20	10~30	15~50	15~40	15~50	15~40	15~60	20~50
冷却时间/s		15~30	20~40	20~40	15~50	20~60	20~60	20~50	15~30	15~30	15~40	20~40	15~40	20~40	20~60	20~40
成型周期/s		40~70	50~90	50~90	40~110	50~150	50~160	50~90	40~60	30~60	40~100	40~100	40~100	40~90	50~110	50~100

续表

项 目	玻纤增强PA66	PA610	PA612	PA1010		玻纤增强PA1010		透明PA	PC		PC/PE		玻纤增强PC	PSU	改性PSU	玻纤增强PSU
注射机类型	螺杆式	螺杆式	螺杆式	螺杆式	柱塞式	螺杆式	柱塞式	螺杆式	螺杆式	柱塞式	螺杆式	柱塞式	螺杆式	螺杆式	螺杆式	螺杆式
螺杆转速/(r/min)	20~40	20~50	20~50	20~50	—	20~40	—	20~50	20~40	—	20~40	—	20~30	20~30	20~30	20~30
喷嘴 形式	直通式	自锁式	自锁式	自锁式	直通式	直通式	直通式	直通式	直通式	直通式	直通式	直通式	直通式	直通式	直通式	直通式
料筒温度/°C 前段	250~260	200~210	200~210	190~200	190~210	180~190	180~190	220~240	230~240	240~250	220~230	230~230	240~260	280~290	250~260	280~300
中段	260~270	220~230	210~220	200~210	230~250	210~230	240~260	240~250	240~280	270~300	230~250	250~280	260~290	290~310	260~280	300~320
后段	260~290	230~250	220~230	220~240	240~260	230~260	230~260	250~270	240~290	—	230~240	240~260	270~310	300~330	280~300	310~330
模具温度/°C	100~120	60~90	40~70	40~80	40~80	40~80	40~80	40~60	90~110	90~110	80~100	80~100	90~110	130~150	80~100	130~150
注射压力/MPa	80~130	70~110	70~120	70~100	70~120	90~130	100~130	80~130	80~130	110~140	80~100	80~130	100~140	100~140	100~140	100~140
保压压力/MPa	40~50	40~50	30~50	40~50	40~50	40~50	40~50	40~50	40~50	40~50	40~50	40~50	40~50	40~50	40~50	40~50
注射时间/s	3~5	0~5	0~5	2~5	0~5	2~5	2~5	2~6	2~5	2~5	2~5	2~5	2~5	2~8	2~5	2~7
保压时间/s	20~50	20~50	20~50	20~40	20~40	20~40	20~40	20~60	20~80	20~80	20~80	20~80	20~60	20~80	20~70	20~50
冷却时间/s	20~40	20~40	20~40	20~50	20~50	20~40	20~40	20~40	20~50	20~50	20~50	20~50	20~50	20~50	20~50	20~50
成型周期/s	50~100	50~100	50~110	50~90	50~100	50~90	50~90	50~110	50~130	50~130	50~140	50~140	50~110	50~140	50~130	50~110

续表

项 目	聚芳砜	聚醚砜	PPO	改性PPO	聚芳酯	聚氨酯	聚苯硫醚	聚醚酰亚胺	醋酰纤维素	醋酸丁酸纤维素	醋酸丙酸纤维素	乙基纤维素	F46
注射机类型	螺杆式	螺杆式	螺杆式	螺杆式	螺杆式	螺杆式	螺杆式	螺杆式	柱塞式	柱塞式	柱塞式	柱塞式	螺杆式
螺杆转速/(r/min)	20~30	20~30	20~30	20~50	20~50	20~70	20~30	20~30	—	—	—	—	20~30
喷嘴 形式	直通式	直通式	直通式	直通式	直通式	直通式	直通式	直通式	直通式	直通式	直通式	直通式	直通式
料筒温度/°C 前段	380~410	240~270	250~280	220~240	230~250	170~180	280~300	290~300	150~180	150~170	160~180	160~180	290~300
中段	385~420	260~290	260~280	230~250	240~260	175~185	300~310	290~310	170~200	170~190	180~210	180~220	300~330
后段	345~385	280~310	260~290	240~270	250~280	180~200	320~340	300~330	150~170	150~170	150~170	150~170	270~290
模具温度/°C	230~260	90~120	110~150	60~80	100~130	20~40	120~150	120~150	40~70	40~70	40~70	40~70	170~200
注射压力/MPa	100~200	100~140	100~140	70~110	100~130	80~100	80~130	100~150	60~130	80~130	80~120	80~130	110~130
保压压力/MPa	50~70	50~70	50~70	40~60	50~60	30~40	40~50	40~50	40~50	40~50	40~50	40~50	80~130
注射时间/s	0~5	0~5	0~5	0~8	2~8	2~6	0~5	0~5	0~3	0~5	0~5	0~5	50~60
保压时间/s	15~40	15~40	30~70	30~70	15~40	30~40	10~30	20~60	15~40	15~40	15~40	15~40	20~60
冷却时间/s	15~40	15~40	20~60	20~70	15~40	30~60	20~50	30~60	15~40	15~40	15~40	15~40	20~60
成型周期/s	40~50	40~80	60~140	60~130	40~90	70~110	40~90	60~130	40~90	40~90	40~90	40~90	50~130

2.2 注射成型模具概述

注射成型生产中使用的模具称为注射成型模具，简称注射模，也称为注塑模。注射模主要适用于热塑性塑料的成型加工，近年来也逐渐用于加工部分热固性塑料制件。注射模有很多优点，如对塑料的适应性较广，塑料制件的外观质量较好，生产效率特别高，易于实现自动化生产等。注射模已广泛用于塑料制件的生产中。

2.2.1 注射成型模具的结构组成

注射模具的结构由塑件的复杂程度、注射机的结构形式等因素决定。注射模具可分为动模和定模两大部分，定模部分安装在注射机的固定模板上，动模部分安装在注射机的移动模板上，注射时动模与定模闭合构成浇注系统和型腔，开模时动模与定模分离，由推出机构推出塑件。

注射模具的总体结构组成如图 2-2 所示。根据模具上各个零部件所起的作用，可以将其分为以下几个组成部分。

1. 成型零部件

成型零部件是指与塑件直接接触、成型塑件内表面和外表面的模具部分。它由凸模（型芯）、凹模（型腔）、嵌件、镶块等组成。凸模（型芯）形成塑件的内表面形状，凹模形成塑件的外表面形状，合模后凸模和凹模便构成了模具型腔，用于填充塑料，它决定制件的形状和尺寸。在图 2-2 所示的注射模中，模腔由动模板 1、定模板 2、凸模 7 等组成。

2. 浇注系统

浇注系统是熔融塑料从注射机喷嘴进入模具型腔所流经的通道。浇注系统由主流道、分流道、浇口、冷料穴等组成。浇注系统对塑料熔体在模内流动的方向与状态、排气溢流、模具的压力传递等起到重要的作用。

3. 导向机构

为了保证动模、定模在合模时的准确定位，模具必须设计有导向机构。导向机构分为导柱、导套导向机构与内外锥面定位导向机构两种形式。图 2-2 中的导向机构由导柱 8 和导套 9 组成。此外，大中型模具还要采用推出机构导向，图 2-2 中的推出机构的导向由推板导柱 16 和推板导套 17 组成。

4. 侧向分型与抽芯机构

塑件上的侧向如有凹凸形状及孔或凸台，就需要有侧向的型芯或成型块来成型。在塑件被推出之前，必须先抽出侧向型芯或侧向成型块，然后才能顶离脱模。带动侧向型芯或侧向成型块移动的机构称为侧向分型与抽芯机构。

5. 推出机构

推出机构是将成型后的塑件从模具中推出的装置。推出机构一般是由推杆、复位杆、推杆固定板、推板、主流道拉料杆、推板导柱、推板导套等组成。图 2-2 中的推出机构由推板 13、推杆固定板 14、拉料杆 15、推板导柱 16、推板导套 17、推杆 18、复位杆 19 等零件组成。

6. 温度调节系统

为了满足注射工艺对模具的温度要求，必须对模具的温度进行控制，模具结构中一般都设有对模具进行冷却或加热的温度调节系统。模具的冷却方式是在模具上开设冷却水道，加热方式是在模具内部或四周安装加热元件。

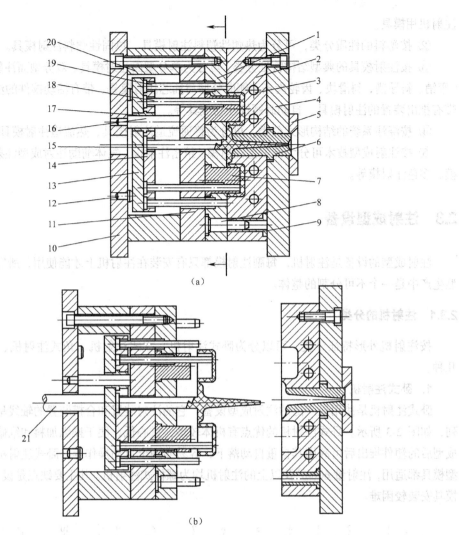

1—动模板；2—定模板；3—冷却水道；4—定模座板；5—定位圈；6—浇口套；7—凸模；8—导柱；9—导套；
10—动模座板；11—支承板；12—支承柱；13—推板；14—推杆固定板；15—拉料杆；16—推板导柱；
17—推板导套；18—推杆；19—复位杆；20—垫块；21—注射机液压顶杆
图 2-2 注射模的结构

7. 排气系统

在注射成型过程中，为了将型腔内的气体排出模外，常常需要开设排气系统。排气系统通常是在分型面上有目的地开设几条排气沟槽，另外许多模具的推杆或活动型芯与模板之间的配合间隙可起排气作用。小型塑件的排气量不大，因此可直接利用分型面排气。

8. 标准模架

为了缩短模具设计与制造的周期，注射模具现已采用了标准模架结构，包括定模座板 4、定位圈 5、动模座板 10、支承板 11、垫块 20 以及导柱、导套等，如图 2-2 所示。

任何注射模均可以标准模架为基础再添加成型零部件和其他必要的功能结构件来形成。

2.2.2 注射成型模具的分类

① 按注射模具所用注射机的类型不同，可分为卧式注射机用模具、立式注射机用模具和角式

注射机用模具。

② 按塑料的性质分类，可分为热塑性塑料注射模具、热固性塑料注射模具。

③ 按注射模具的典型结构特征分类，可分为单分型面注射模具、双分型面注射模具、斜导柱（弯销、斜导槽，斜滑块、齿轮齿条）侧向分型与抽芯注射模具、带有活动镶件的注射模具、定模带有推出装置的注射模具、自动卸螺纹注射模具等。

④ 按浇注系统的结构形式分类，可分为普通流道注射模具、热流道注射模具。

⑤ 按注射成型技术可分为低发泡注射模、精密注射模、气体辅助注射成型注射模、双色注射模、多色注射模等。

2.3 注射成型设备

注射成型的设备是注射机，每副注射模都只有安装在注射机上才能使用，所以两者在注射成型生产中是一个不可分割的整体。

2.3.1 注射机的分类

按注射机外形特征分类，可以分为卧式注射机、立式注射机、角式注射机、多模注射机等几种。

1. 卧式注射机

卧式注射机是使用最广泛的注射成型设备，它的注射装置和合模装置的轴线呈一线并水平排列，如图 2-3 所示。卧式注射机的优点有机体较矮，重心低，便于操纵加料和维修，比较稳定，成型后的塑件推出后可利用其自重自动落下，容易实现全自动操作等。卧式注射机对大、中、小型模具都适用，注射量 $60cm^3$ 及以上的注射机均为螺杆式注射机。其主要缺点是设备占地面积大，模具安装较困难。

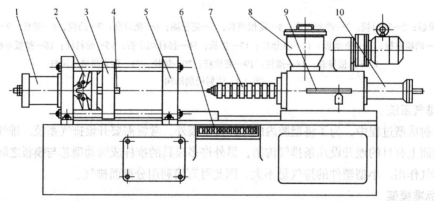

1—锁模液压缸；2—锁模机构；3—移动模板；4—顶杆；5—固定模板；6—控制台；
7—料筒及加热器；8—料斗；9—定量供料装置；10—注射液压缸

图 2-3 卧式注射机

2. 立式注射机

立式注射机如图 2-4 所示。它的注射装置与合模装置的轴线呈一线并与水平方向垂直排列。立式注射机具有占地面积小、模具拆装方便、安放嵌件便利等优点；缺点是塑件顶出后常须要用手或其他方法取出，不易实现全自动化操作，机身重心较高，机器的稳定性差。立式注射机适用于小注射量的场合，多为注射量在 60cm³ 以下的小型柱塞式注射机。

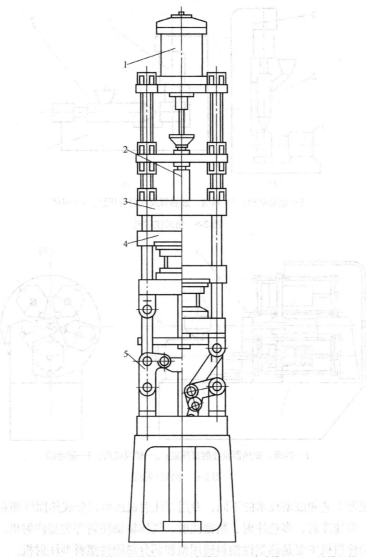

1—注射液压缸；2—料筒及加热器；3—固定模板；4—移动模板；5—锁模机构

图 2-4　立式注射机

3. 角式注射机

角式注射机一般为柱塞式注射机，它的注射装置和合模装置的轴线相互垂直排列，如图 2-5 所示。其优点介于卧、立两种注射机之间，主要是注射量为 45cm³ 以下的小型注射机，它特别适合于成型自动脱卸有螺纹的塑件。

角式注射成型模的特点是熔料沿着模具的分型面进入型腔。由于开合模机构是纯机械传动，所以角式注射机有无法准确可靠地注射和保持压力及锁模力、模具受冲击和振动较大的缺点。

4. 多模注射机

多模注射机是一种多工位操作的特殊注射机，如图 2-6 所示，它是一种专用注射机。在下面工位注射结束后，绕固定轴3旋转180°后在上面工位上脱模，此时，下面工位上对另一副模具进行注射。根据注射量和机器的用途，多模注射机也可将注射装置与合模装置进行多种形式的排列。

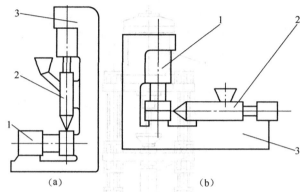

（a） （b）

1—锁模机构；2—料筒、加热器及注射液压缸；3—机体

图 2-5 角式注射机

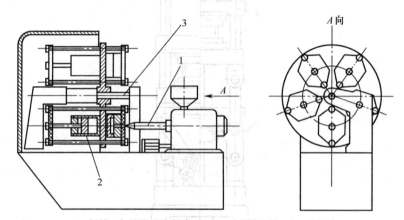

1—料筒、加热器及注射液压缸；2—锁模机构；3—固定轴

图 2-6 多模注射机

根据注射成型工艺和成型技术的不同，专用型注射机还可以分成热固性塑料型注射、发泡注射、排气注射、高速注射、多色注射、精密注射、气体辅助注射等类型注射机。

我国生产的注射机主要是热塑性塑料通用型和部分热固性塑料型注射机。

2.3.2 常用注射机的规格及主要技术参数

1. 注射机的型号规格

国家标准采用注射量表示法（XS-ZY-注射量—改进型表示法），如：XS-ZY-125 型号的注射机，XS 表示塑料成型机械，Z 表示注射成型，Y 表示螺杆式（无 Y 表示柱塞式），125 表示公称注射量（单位：cm^3 或 g）。

目前国际上通用的表示方法是用注射量为分子、合模力为分母表示设备的规格。如 XZ-63/50 型注射机，X 表示塑料机械，Z 表示注射机，63 表示注射容量 $63cm^3$，合模力为 $50×10kN$。

2. 注射机主要技术参数

注射机应具有较完整的技术参数，供用户选择和使用。常用国产注射机主要技术规格如表 2-2 所示。

表 2-2 常用国产注射机主要技术规格

型号 / 项目	XS-Z-22	XS-Z-30	XS-Z-60	XS-ZY-125	SZY-300	XS-ZY-500	XS-ZY-1000	SZY-2000	XS-ZY-4000
额定注射量/cm³	30、20	30	60	125	300	500	1000	2000	4000
螺杆直径/mm	25、20	28	38	42	60	65	85	110	130
注射压力/MPa	75、115	119	122	120	77.5	145	121	90	106
注射行程/mm	130	130	170	115	150	200	260	180	370
注射方式	双柱塞式（双色）	柱塞式	柱塞式	螺杆式	螺杆式	螺杆式	螺杆式	螺杆式	螺杆式
锁模力/kN	250	250	500	900	1500	3500	4500	6000	10000
最大开合模行程/mm	160	160	180	300	340	500	700	750	1100
模具最大厚度/mm	180	180	200	300	355	450	700	800	1000
模具最小厚度/mm	60	60	70	200	285	300	300	500	700
喷嘴圆弧半径/mm	12	12	12	12	12	18	18	18	
喷嘴孔直径/mm	2	2	4	4		3、5、6、8	7.5	10	
动定模固定板尺寸/mm	250×280	250×280	330×340	428×458	620×520	700×850	900×1000	1180×1180	1050×950
拉杆空间/mm	235	235	190×300	260×290	400×300	540×440	650×550	760×700	
合模方式	液压—机械	液压—机械	液压—机械	液压—机械	液压—机械	液压—机械	两次动作液压式	液压—机械	两次动作液压式

2.3.3 注射模与注射机的关系

选择注射成型所使用的注射机时，必须熟悉有关注射机的技术规格和使用性能，以保证注射模能够在注射机上安装和使用。当模具的总体结构及有关尺寸确定后，应对选用的注射机进行有关参数的校核计算。

1. 最大注射量的校核

在设计模具时，为保证塑料制件的质量，应该使注射模所需的注射量在注射机实际的最大注射量的范围内。注射机的最大注射量是其额定注射量的80%。

注射机的额定注射量有两种表示方法，一是用容量（cm^3）表示，二是用质量（g）表示。国产的标准注射机的注射量用容量（cm^3）表示。

在一次注射成型周期内，需要注射入模具内的塑料熔体的容量或质量，应为塑料制件和浇注系统凝料两部分容量或质量之和，即

$$nV_z + V_j \leq 0.8 V_g \tag{2-1}$$

$$n m_z + m_j \leq 0.8 m_g \tag{2-2}$$

式中　n——型腔数量；

　　　V_z（m_z）——单个塑件的容量或质量（cm^3 或 g）；

　　　V_j（m_j）——浇注系统凝料的容量或质量（cm^3 或 g）；

　　　V_g（m_g）——注射机额定注射量（cm^3 或 g）。

2. 锁模力的校核

注射时高速塑料熔体进入型腔内，仍然存在较大的压力，它会使模具沿分型面分开，这个力称为涨模力。涨模力等于塑件和浇注系统在分型面上不重合的投影面积之和与型腔内塑料熔体压力的乘积。为了平衡塑料熔体的压力，注射机必须提供足够的锁模力，否则在分型面处将产生溢料现象。因此，涨模力应小于注射机的额定锁模力 F，即满足下式

$$p_m(n A_z + A_j) \leq F \tag{2-3}$$

式中　F——注射机的额定锁模力（N）；

　　　A_z、A_j——分别为塑件和浇注系统在分型面上的垂直投影面积（mm^2）；

　　　p_m——塑料熔体在型腔内平均压力（MPa）。

注射机注入的塑料熔体流经喷嘴、流道、浇口和型腔，将产生压力损耗，一般平均型腔压力仅为注射压力 p_0 的 1/4～1/2。

塑料熔体在型腔内平均压力通常为20～40MPa，对于流动性差、形状复杂、精度要求高的塑料制件，应采用较高的型腔压力。表 2-3 列出了常用塑料注射成型时所需的型腔压力值，表 2-4 列出了不同塑料制件常选用的型腔压力。

表 2-3　　　　　　　　　常用塑料注射成型时所需的型腔压力　　　　　　　　单位：MPa

塑料品种	高压聚乙烯（PE）	低压聚乙烯（PE）	聚苯乙烯（PS）	AS	ABS	聚甲醛（POM）	聚碳酸酯（PC）
型腔压力	10～15	20	15～20	30	30	35	40

表 2-4　　　　　　　　　不同塑料制件常选用的型腔压力　　　　　　　　单位：MPa

塑料制件	平均压力	举例
容易成型的制件	25	PE、PS 等壁厚均匀日用品、容器

续表

塑 料 制 件	平均压力	举　　例
普通制件	30	薄壁容器类
塑料黏度较高、高精度制件	35	POM、ABS 等工业机器零件
塑料黏度特别高、高精度制件	40	高精度机械零件

3. 最大注射压力的校核

注射机的最大注射压力必须大于塑料成型所需要的注射压力。注射机的最大注射压力是注射机料筒内柱塞或螺杆对熔融塑料所施加的单位面积上的力。塑料成型所需要的注射压力是由塑料品种、注射机类型、喷嘴形式、塑件形状、浇注系统的压力损失等因素决定的。

一般，对于黏度较大的塑料以及形状细薄、流程长的塑件，注射压力应取大些。柱塞式注射机的压力损失比螺杆式大，所以注射压力也应取大些。

常用塑料注射成型时所需的注射压力如表 2-5 所示。

表 2-5		常用塑料注射成型时所需的注射压力				单位：MPa	
塑料品种	LDPE	HDPE	PP	软 PVC	硬 PVC	ABS	耐热 ABS
注射压力	60～100	70～100	70～120	40～80	80～130	70～90	85～120

4. 模具与注射机安装部分相关尺寸的校核

不同型号的注射机其安装模具部位的形状和尺寸各不相同，在设计模具时，必须使模具的有关尺寸与注射机相匹配。与模具安装的有关尺寸包括喷嘴尺寸、定位圈尺寸、模具的最大和最小厚度、模板上的安装螺孔尺寸等。

（1）喷嘴尺寸

注射机喷嘴头一般为球面，如图 2-7 所示，浇口套球面模具尺寸设计时，浇口套内主流道始端的球面必须比注射机喷嘴头部球面半径略大一些，即 R 比 r 大 1～2mm；主流道小端直径要比喷嘴直径略大，即 D 比 d 大 0.5～1mm。

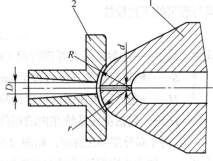

1—注射机喷嘴；2—浇口套

图 2-7　浇口套球面与注射机的配合

（2）定位圈尺寸

为了使模具在注射机上的安装准确、可靠，定位圈的设计很关键。模具定位圈的外径尺寸必须与注射机的定位孔尺寸相匹配。通常采用间隙配合，以保证模具主流道的中心线与注射机喷嘴的中心线重合，一般模具的定位圈外径尺寸应比注射机固定模板上的定位孔尺寸小 0.2 mm 以下。定位圈的高度尺寸对于小型模具为 8～10mm，大型模具为 10～15mm，定位孔深度尺寸应大于定位圈高度。

（3）模具厚度

模具闭合后的总高度必须位于注射机可安装模具的最大模具厚度与最小模具厚度之间，即

$$H_{min} \leqslant H_m \leqslant H_{max} \qquad (2-4)$$

式中　H_m——模具闭合高度（mm）；

　　　H_{min}——注射机允许的最小模具厚度（mm）；

　　　H_{max}——注射机允许的最大模具厚度（mm）。

同时模具的外形尺寸应小于注射机最大拉杆间距，以使模具能从注射机的拉杆之间装入。

（4）安装模具的螺孔尺寸

注射模具在注射机上的安装方法有两种：一种是用螺钉直接固定；另一种是用螺钉、压板固定。当用螺钉直接固定时，模具动、定座板与注射机模板上的螺孔应完全吻合；而用压板固定时，只要在模具固定板需安放压板的外侧附近有螺孔就能紧固。因此，压板固定具有较大的灵活性，应用比较普遍。对于质量较大的大型模具，用螺钉直接固定更为安全。

5. 开模行程的校核

注射机的开模行程是受合模机构限制的，注射机的最大开模距离必须大于脱模距离，否则塑件无法从模具中取出。由于注射机的合模机构不同，开模行程可按下面两种情况校核。

（1）注射机的最大开模行程与模具厚度无关的校核

当注射机采用液压—机械式锁模机构时，最大开模行程由连杆机构的最大行程决定，不受模具厚度的影响。当模具厚度变化时，可由调模装置调整。因此，校核时只需使注射机最大开模行程大于模具所需的开模距离即可。

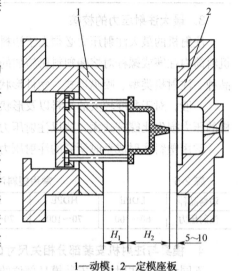

1—动模；2—定模座板

图2-8　单分型面注射模开模行程

① 对于单分型面注射模，如图2-8所示，其最大开模行程可按下式校核

$$S_{max} \geqslant S = H_1 + H_2 + (5\sim10)\text{mm} \tag{2-5}$$

式中　S_{max}——注射机最大开模行程（mm）；

　　　S——模具所需的开模行程（mm）；

　　　H_1——塑件脱模所需的推出距离（mm）；

　　　H_2——包括浇注系统在内的塑件高度（mm）。

② 对于双分型面注射模，如图2-9所示，需要在开模距离中增加定模板与中间板之间的分开距离 a，a 的大小应保证可以方便地取出浇注系统的凝料，此时开模行程可按下式校核

$$S_{max} \geqslant S = H_1 + H_2 + a + (5\sim10)\text{mm} \tag{2-6}$$

式中　a——取出浇注系统凝料必须的长度（mm）。

（2）注射机最大开模行程与模具厚度有关的校核

对于全液压式合模机构的注射机和带有丝杠开模合模机构的直角式注射机，其最大开模行程 S_{max} 受模具厚度的影响。此时最大开模行程等于注射机移动模板与固定模板之间的最大距离 S_k 减去模具闭合厚度 H_m，即 $S_{max} = S_k - H_m$。

① 对于单分型面注射模，校核公式为

$$S_{max} = S_k - H_m \geqslant H_1 + H_2 + (5\sim10)\text{mm} \tag{2-7}$$

② 对于双分型面注射模具，校核公式为

$$S_{max} = S_k - H_m \geqslant H_1 + H_2 + a + (5\sim10)\text{mm} \tag{2-8}$$

③ 具有侧向抽芯机构时的校核。

当模具需要利用开模动作完成侧向抽芯时，开模行程的校核应考虑侧向抽芯所需的开模行程，

如图 2-10 所示。设完成侧向抽芯所需的开模行程为 H_C，当 $H_C \leqslant H_1+H_2$ 时，H_C 对开模行程没有影响，仍用上述各公式进行校核。当 $H_C > H_1+H_2$ 时，可用 H_C 代替前述校核公式中的 H_1+H_2 进行校核。

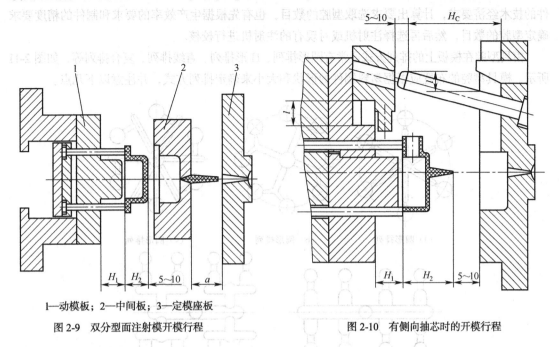

1—动模板；2—中间板；3—定模座板

图 2-9　双分型面注射模开模行程　　　　　　　图 2-10　有侧向抽芯时的开模行程

6. 推出装置的校核

各种型号注射机的推出装置和最大推出距离不尽相同，设计时，应使模具的推出机构与注射机相适应。通常是根据开合模系统推出装置的推出形式（中心推出还是两侧推出）、注射机的顶杆直径、顶杆间距和顶出距离等来校核模具推出机构是否合理、推杆推出距离能否达到使塑件顺利脱模的目的。

2.4　分型面

模具上用以取出塑料制件和凝料的可分离的接触表面称为分型面。分型面是决定模具结构形式的一个重要因素，分型面的类型、形状及位置与模具的整体结构、浇注系统的结构形式、塑件的脱模、模具的制造工艺等有关。它不仅直接关系到模具结构的复杂程度，也关系到塑件的成型质量。

2.4.1　分型面与型腔的相对位置

塑料制件在模具中的成型位置主要由分型面的位置、型腔的数目及排列方式确定。注射模有时为了结构的需要，在定模或动模部分增加辅助的分型面，此时，将脱模时取出塑件的分型面称为主分型面。

1. 型腔数目及型腔排列方式的确定

一次注射只能生产一件塑料产品的模具称为单型腔模具。如果一副模具一次注射能生产两件或两件以上的塑料产品，则这样的模具称为多型腔模具。

与多型腔模具相比较，单型腔模具塑料制件的形状和尺寸一致性好，成型的工艺条件容易控制，模具结构简单、紧凑，模具制造成本低，制造周期短。但是在大批量生产的情况下，多型腔模具应是更为合适的形式，它可以提高生产效率，降低塑件的整体成本。

在多型腔模具的实际设计中，有的是首先确定注射机的型号，再根据注射机的技术参数和塑件的技术经济要求，计算出要求选取型腔的数目；也有先根据生产效率的要求和制件的精度要求确定型腔的数目，然后再选择注射机或对现有的注射机进行校核。

模具型腔在模板上的排列方式通常有圆形排列、H形排列、直线排列、复合排列等，如图2-11所示。模具型腔的布置应根据塑料制件的形状和大小来确定排列方式，并注意以下几点。

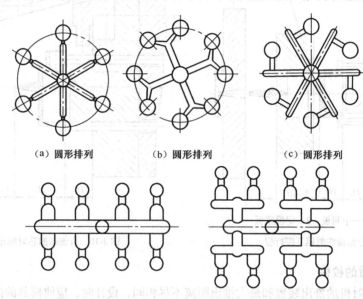

（a）圆形排列　　　　　（b）圆形排列　　　　　（c）圆形排列

（d）直线排列　　　　　　　（e）H形排列

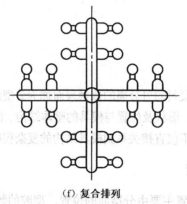

（f）复合排列

图2-11　型腔排列方式

① 型腔的布置和浇口的开设部位应力求对称，以防产生溢料现象。

② 型腔的排列应紧凑，以节约钢材，减轻模具重量。

③ 型腔的排列要考虑加工的难易程度。圆形排列加工较困难；直线排列加工容易但平衡性能较差；H形排列平衡性能好，而且加工不太困难，所以使用较广泛。

2. 塑件在模具中的位置

对于单型腔模具，塑件在模具中的位置就是分型面与型腔的位置关系，如图2-12所示。

图 2-12（a）所示为塑件全部在定模中的结构；图 2-12（b）所示为塑件全部在动模中的结构；图 2-12（c）所示为塑件同时在定模和动模中的结构。

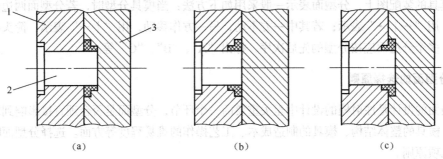

1—动模；2—型芯；3—定模

图 2-12　分型面与型腔的位置关系

对于多型腔模具，由于型腔的排列与浇注系统密切相关，在模具设计时应综合加以考虑。型腔的排列应使每个型腔都能通过浇注系统从总压力中均等地分得所需足够压力，以保证塑料熔体能同时均匀地充填每一个型腔，从而使各个型腔的塑件内在质量均匀。

多型腔模具最好成型同一形状和尺寸精度要求的塑件，不同形状的塑件最好不采用同一副多型腔模具来生产。但是在生产实践中，有时为了节约和同步生产，往往将成型配套的塑件设计在一个多型腔模具上。但采用这种形式难免会引起一些缺陷，如塑件发生翘曲及不可逆应变等。

2.4.2　分型面的结构形式

分型面的结构形式应尽可能简单，以便于模具的制造和塑料制件的脱模。有的注射模只有一个分型面，有的注射模有多个分型面。分型面的结构形式如图 2-13 所示。

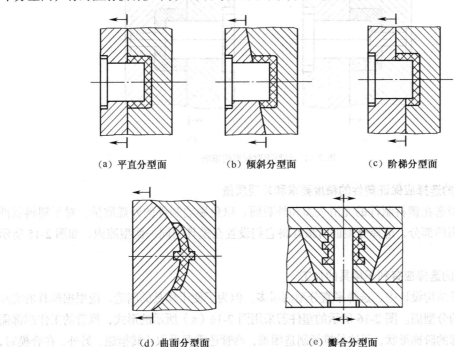

（a）平直分型面　　　　（b）倾斜分型面　　　　（c）阶梯分型面

（d）曲面分型面　　　　　　　（e）瓣合分型面

图 2-13　分型面的形式

在多个分型面的模具中，将脱模时取出塑件的那个分型面称为主分型面，其他的分型面称为辅助分型面，辅助分型面是为了达到某种目的而设计的。

在模具的装配图上，分型面表示一般采用如下方法：当模具分型时，若分型面两边的模板都作移动，用"←｜→"表示；若其中一方不动，另一方作移动，用"｜→"表示，箭头指向移动的方向；多个分型面应按分型的先后次序，标出"A"、"B"、"C"等。

2.4.3　分型面的选择原则

分型面的设计是注射模的设计中至关重要的一个环节，分型面是否合理直接影响到塑料制件的质量、模具的整体结构、模具的制造成本、工艺操作的难易程度等方面。选择分型面时，应遵循以下几项原则。

1.　分型面应选在塑件外形最大轮廓处

塑件在动、定模的方位确定后，其分型面应选在塑件外形的最大轮廓处，否则塑件会无法从型腔中脱出，这是最基本的选择原则。

2.　分型面的选择应有利于塑件顺利脱模

由于注射机的顶出装置在动模一侧，所以分型面的选择应尽可能使塑件在开模后留在动模一侧，这样有助于在动模部分设置的推出机构工作。若在定模内设置推出机构就会增加模具的复杂程度，如图 2-14（a）所示，塑件在分型后由于收缩包紧在定模的大型芯上而留在定模上，这样就必须在定模部分设置推出机构，增加了模具复杂性；若按图 2-14（b）所示分型，分型后塑件留在动模，利用注射机的顶出装置和模具的推出机构就很容易推出塑件。

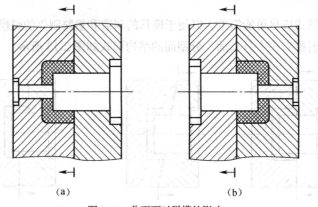

（a）　　　　　　　　　　　　　（b）

图 2-14　分型面对脱模的影响

3.　分型面的选择应保证塑件的精度要求和外观质量

分型面不能选在塑料制件的光滑表面和外观面，以免影响制件的外观质量。对于塑料制件要求同轴度较高的部分，选择分型面时最好将它们设置在模具的同一侧型腔内，如图 2-15 所示的塑件。

4.　分型面的选择应有利于模具的加工

通常在模具结构设计中，选择平直分型面居多。但为了便于模具的制造，应根据模具的实际情况选择合理的分型面。图 2-16 所示的塑件若采用图 2-16（a）所示的形式，推管的工作端部需要制出塑件下部的阶梯形状，而这种推管制造困难，推管还需要采取止转措施，另外，在合模时，推管会与定模型腔配合接触，模具制造难度大；若采用图 2-16（b）所示的阶梯分型形式，则模具加工十分方便。

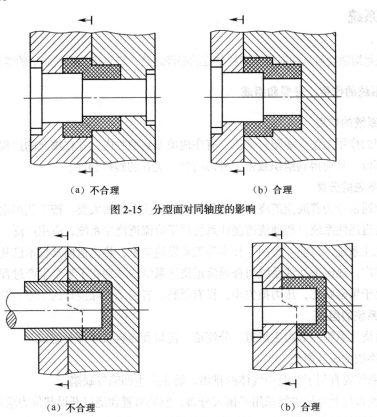

（a）不合理　　　　　　　　　　（b）合理

图 2-15　分型面对同轴度的影响

（a）不合理　　　　　　　　　　（b）合理

图 2-16　分型面对模具加工的影响

5. 分型面的选择应有利于排气

分型面是模具结构中主要的排气渠道，应尽量设置在塑料融体流动方向的末端，并且应与浇注系统的设计同时考虑，便于模具型腔内的气体排出。在图 2-17（a）所示的结构形式中，塑料熔体充填型腔时先封住分型面，在型腔深处的气体就不易排出；而在图 2-17（b）所示的结构形式中，分型面处最后充填，形成了良好的排气条件。

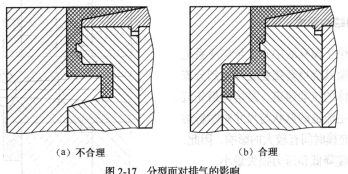

（a）不合理　　　　　　　　　　（b）合理

图 2-17　分型面对排气的影响

6. 分型面的选择应考虑模具的侧向抽拔距

对于侧向分型的模具，机械式分型机构完成侧向分型，所以抽拔距都比较小。选择时分型面应将抽芯或分型距离长的方向置于开合模的方向，将小抽拔距作为侧向分型或抽芯方向。

2.5 浇注系统

浇注系统是熔融塑料从注射机喷嘴到型腔的必经之路，它直接关系到成型的难易和制件的质量。

2.5.1 浇注系统的作用、分类和组成

1. 浇注系统的作用

浇注系统的作用是使熔融塑料平稳、有序地填充到型腔内，并在填充的过程中将注射压力传递到塑件各部位，从而得到组织致密、外形清晰、美观的塑料制件。

2. 浇注系统的分类

浇注系统通常分为普通流道浇注系统和无流道浇注系统两大类。按工艺用途可分为冷流道浇注系统和热流道浇注系统。普通流道浇注系统属于冷流道浇注系统，应用广泛。无流道浇注系统属于热流道浇注系统，目前，美国、日本等工业发达国家，热流道模具技术已基本普及，在我国也正在迅速推广。热流道浇注系统与普通流道浇注系统的区别在于整个生产过程中，浇注系统内的塑料始终处于熔融状态，压力损失小，没有凝料，省去了去除浇口的工序，节省人力、物力。

3. 浇注系统的组成

普通流道浇注系统一般由主流道、分流道、浇口和冷料穴4部分组成。

4. 浇注系统的设计原则

① 浇注系统要有利于型腔中气体的排出，防止产生凹陷等缺陷。

② 从型腔布局上应尽可能采用平衡式分布，型腔布置和浇口开设部位力求对称。

③ 浇注系统的流程应尽量短，断面尺寸尽可能大，减少弯曲，降低流道表面粗糙度以减小热量和压力的损失。

④ 在选择浇口位置时，浇口应去除方便，尽量避免或减少产生熔接痕，不影响塑料制件的美观和使用。

⑤ 应尽量避免塑料熔体直冲细小型芯和嵌件，以防止熔体的冲击力使细小型芯变形或嵌件移动。

⑥ 应考虑缩短生产周期，提高劳动生产率。

2.5.2 主流道的结构形式

主流道通常位于模具的中心，是浇注系统从注射机喷嘴与模具浇口套接触处开始到分流道为止的塑料熔体的流动通道，是熔体最先流经模具的部分。主流道的形状与尺寸对塑料熔体的流动速度和充模时间有较大的影响，因此，必须使熔体的温度降低和压力损失最小。

在卧式或立式注射机上使用的模具，主流道垂直于分型面。主流道通常设计在模具的浇口套中，如图2-18所示。

为了让主流道凝料能顺利地从浇口套中拔

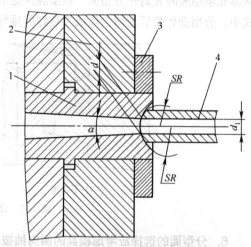

1—浇口套；2—定模座板；3—定位圈；4—注射机喷嘴

图2-18 主流道形状及其与注射机喷嘴的关系

出，主流道通常为圆锥形，锥角 α 为 2°～6°，小端直径 d 比注射机喷嘴直径大 0.5～1mm。小端的前面是球面，其深度为 3～5mm，注射机喷嘴的球面在此处与浇口套接触并且贴合，因此要求浇口套上主流道前端球面半径比喷嘴球面半径大 1～2mm。流道的表面粗糙度 $Ra \leqslant 0.8\mu m$。

浇口套的结构形式如图 2-19 所示。

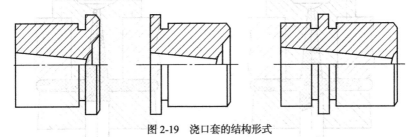

图 2-19 浇口套的结构形式

浇口套与模板间配合固定形式如图 2-20 所示。图 2-20（a）所示为浇口套与定位圈设计成整体式的形式，用螺钉固定于定模座板上，一般只用于小型注射模；图 2-20（b）和图 2-20（c）所示为浇口套与定位圈设计成两个零件的形式，以台阶的形式固定在定模座板上。

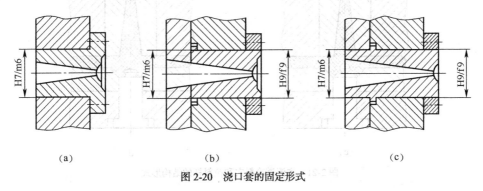

        （a）   （b）   （c）

图 2-20 浇口套的固定形式

浇口套与模板间采用 H7/m6 的过渡配合。浇口套与定位圈采用 H9/f9 的配合。定位圈在模具安装调试时插入注射机固定模板的定位孔内，用于模具与注射机的安装定位。定位圈外径比注射机定模板上的定位孔小 0.2mm 以下。

2.5.3 冷料穴

1. 冷料穴的作用

冷料穴的作用是容纳浇注系统流道中料流的前锋冷料，以免这些冷料注入型腔，既影响熔体充填的速度，又影响成型塑件的质量。冷料穴还便于在主流道末端设置主流道拉料杆，注射结束模具分型时，在拉料杆的作用下，主流道凝料从定模浇口套被拉出，最后推出机构开始工作，将塑件和浇注系统凝料一起推出模外。但是，点浇口形式浇注系统的三板式模具在主流道末端是不允许设置拉料杆的，否则模具将无法工作。

2. 冷料穴的结构形式

冷料穴的形式有带 Z 字形拉料杆的冷料穴，如图 2-21（a）所示；倒锥形冷料穴，如图 2-21（b）所示；带球头形拉料杆的冷料穴，如图 2-21（c）所示；带菌形头拉料杆的冷料穴，如图 2-21（d）所示。

带 Z 字形拉料杆的冷料穴如图 2-21（a）所示，是最常用的结构形式，工作时依靠 Z 字形钩将主流道凝料拉出浇口套，由推出机构带动拉料杆将主流道凝料推出模外，推出后由于钩子的方向性而不能自动脱落，需要人工取出。

倒锥形冷料穴如图2-21（b）所示，开设在动模板上的倒锥形冷料穴。它的后面设置有推杆，分型时靠动模板上的冷料穴作用将主流道凝料拉出浇口套，推出时靠后面的推杆强制将其推出。

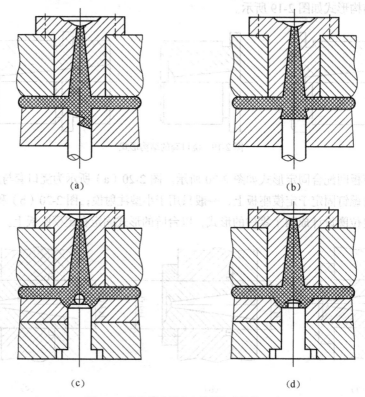

（a）　　　　　　　　　　　　（b）

（c）　　　　　　　　　　　　（d）

图2-21　主流道冷料穴和拉料杆的结构形式

2.5.4　分流道的结构形式

分流道是指主流道末端与浇口之间的一段塑料熔体的流动通道。分流道的作用是改变熔体流向，使其以平稳的流态均衡地分配到各个型腔。分流道的结构形式应满足良好的压力传递，保证合理的填充时间。

1. 分流道的截面形状与尺寸

常用的分流道截面形式有圆形、梯形、U形、半圆形、矩形等几种形式，如图2-22所示。分流道开设在动、定模分型面的两侧或任意一侧，其截面形状应尽量使其比表面积（流道表面积与其体积之比）小，使温度较高的塑料熔体和温度相对较低的模具之间接触面积较小，以减少热量损失。

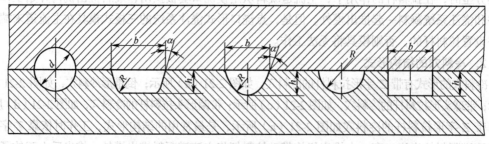

图2-22　分流道截面形状

圆形截面分流道的比表面积最小，但需开设在分型面的两侧，制造时一定要注意模板上两部分形状对中吻合；梯形及 U 形截面分流道加工较容易，且热量损失与压力损失均不大，是常用的形式；半圆形截面分流道需用球头铣刀加工，其比表面积比梯形和 U 形截面分流道略大；矩形截面分流道因其比表面积较大，且流动阻力也大，所以不常采用。

分流道截面尺寸可根据塑料品种、塑件尺寸、成型工艺条件、流道的长度等因素来确定。通常圆形截面分流道直径为 2~10mm。对流动性较好的尼龙、聚乙烯、聚丙烯等塑料，圆形截面的分流道在长度很短时，直径可小到 2mm；对流动性较差的聚碳酸酯、聚砜等塑料，直径可大至 10mm；对于大多数塑料，分流道截面直径常取 5~6mm。

2. 分流道的长度

分流道的长度一般为 8~30mm。分流道的长度应尽可能短，且弯折少，以便减少压力损失和热量损失，节约塑料的原材料和降低能耗。

3. 分流道在分型面上的布置形式

分流道常用的布置形式有平衡式和非平衡式两种，这是与多型腔的平衡式和非平衡式的布置相一致的。如果型腔呈圆形状分布，则分流道呈辐射状布置；如果型腔呈矩形状分布，则分流道一般采用"非"字状布置。虽然分流道有多种不同的布置形式，但应遵循两个原则：一个是排列应尽量紧凑，缩小模板尺寸；另一个是尽量使流程短，对称布置，使胀模力的中心与注射机锁模力的中心一致。

2.5.5 浇口的结构形式

浇口又称进料口或内流道，是连接分流道与型腔的熔体通道。浇口的设计与位置的选择恰当与否，直接关系到塑件能否被完好地、高质量地注射成型。

1. 浇口的类型及尺寸

浇口的截面形状常用圆形，浇口的截面积一般可取分流道截面积的 3%~6%，浇口的长度为 1~1.5mm，在设计时应取最小值，试模时逐步修正。

常用的浇口类型有直接浇口、中心浇口、侧浇口、扇形浇口、平缝浇口、环形浇口、轮辐式浇口、点浇口、潜伏浇口、爪形浇口等。

（1）直接浇口

直接浇口又称主流道型浇口，如图 2-23（a）所示。塑料熔体由主流道的大端直接进入型腔，因而具有流动阻力小、流动路程短、补缩时间长的特点。但是注射压力直接作用在塑件上，容易在进料处产生较大的残余应力而导致塑件翘曲变形。直接浇口的截面积大，去除较困难，去除后会留有较大的浇口痕迹，影响塑件的美观。这类浇口大多用于注射成型大、中型长流程、深型腔筒形或壳形塑件，尤其适合于高黏度塑料（如聚碳酸酯、聚砜等）。另外，这种形式的浇口只适于单型腔模具。

为了避免产生缩孔、变形等缺陷，直接浇口的主流道根部不宜太粗，应尽量选用较小锥度的主流道锥角 α（$\alpha=2°\sim4°$），并且应尽量减小定模板和定模座板的厚度。

（2）中心浇口

中心浇口实际上是直接浇口的一种特殊形式，如图 2-23（b）所示。当筒形塑件的底部中心或接近于中心部位有通孔时，内浇口就设置在该孔口处，同时中心设置分流锥。中心浇口既具有直接浇口的优点，又克服了易产生缩孔、变形的缺陷。

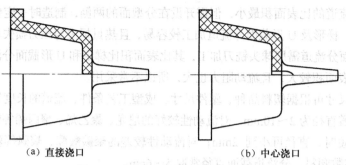

（a）直接浇口　　　　　　　　　　　（b）中心浇口

图 2-23　直接浇口和中心浇口的结构形式

（3）侧浇口

a. 普通侧浇口。普通侧浇口又称为边缘浇口，一般开设在分型面上。塑料熔体从内侧或外侧填充模具型腔，其截面形状多为矩形（扁槽），如图 2-24 所示，这类浇口可以根据塑件的形状特征选择其位置，加工和修整方便，因此它是应用较广泛的一种浇口形式。

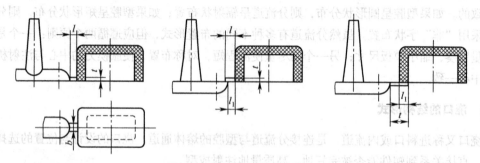

图 2-24　普通侧浇口的结构形式

从外侧进料的侧浇口，一般宽度 $b = 1.5 \sim 5\text{mm}$，深度 $t = 0.5 \sim 2.0\text{mm}$，长度 $l = 0.7 \sim 2.0\text{mm}$。侧浇口的位置可根据塑料制件的形状特点灵活地选择。

普通侧浇口适用于多型腔模具，能大大提高生产效率，减少浇注系统损耗且去除浇口方便。但是，侧浇口容易形成熔接痕、缩孔、气孔等缺陷，注射压力损失较大，不便于对壳型塑料制件排气。

b. 扇形浇口。扇形浇口是普通侧浇口的变异形式，沿浇口方向宽度逐渐增加，深度逐渐减小并在浇口处迅速减至最薄，呈扇形的侧浇口，如图 2-25（a）所示，塑料通过长约 1mm 的浇口台阶进入型腔。扇形浇口常用于扁平而较薄的塑件，如盖板、标卡、托盘等。

通常在与型腔接合处形成长度 $l = 1 \sim 1.3\text{mm}$，深度 $t = 0.25 \sim 1.0\text{mm}$ 的进料口，进料口的宽度 b 视塑件大小而定，一般取 6 mm 以上，整个扇形的长度 L 可取 6mm 左右。采用扇形浇口，使塑料熔体在宽度方向上的流动得到更均匀的分配，塑件的应力因此较小，还可避免流纹及定向效应所带来的不良影响，减少带入空气的可能性，但浇口痕迹较明显。

c. 平缝浇口。平缝浇口又称为薄片浇口，如图 2-25（b）所示。这类浇口宽度很大，深度很小，几何上成为一条窄缝，与特别开设的平行流道相连。熔体通过平行流道与窄缝浇口得到均匀分配，以较低的线速度平稳均匀地流入型腔，降低了塑件的应力，减少了因取向而造成的翘曲变形。

这类浇口的宽度 b 一般取塑件宽度的 25%～100%，深度 $t = 0.2 \sim 1.5\text{mm}$，长度 $l = 1.2 \sim 1.5\text{mm}$。

这类浇口主要用来成型面积较大的扁平塑件，但浇口的去除比扇形浇口更困难，浇口在塑件上的痕迹也更明显。

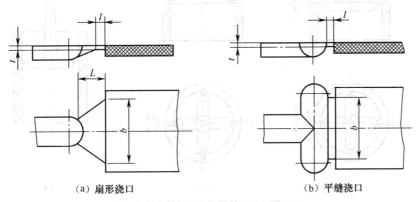

（a）扇形浇口　　　　　　　　　　（b）平缝浇口

图 2-25　扇形浇口和平缝浇口的结构形式

　　d. 环形浇口。采用圆环形进料形式填充型腔的浇口称为环形浇口，如图 2-26 所示。环形浇口的特点是进料均匀，圆周上各处流速大致相等，熔体流动状态好，流程短，型腔中的空气容易排出，减少熔接痕，但去除浇口比较麻烦。图 2-26（a）所示为内侧进料的环形浇口，浇口设计在型芯上；图 2-26（b）所示为端面进料的搭接式环形浇口；图 2-26（c）所示为外侧进料的环形浇口。环形浇口主要用于成型薄壁长管形或圆筒形无底塑件。

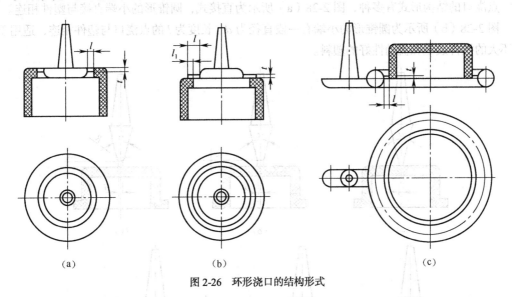

（a）　　　　　　　　　　（b）　　　　　　　　　　（c）

图 2-26　环形浇口的结构形式

　　e. 轮辐式浇口。轮辐式浇口是在环形浇口的基础上改进而成的。将整个圆周进料改为几小段圆弧进料，由于型芯得以定位而增加了型芯的稳定性，如图 2-27 所示。图 2-27（a）所示为内侧进料的轮辐式浇口；图 2-27（b）所示为端面进料的搭接式轮辐式浇口；图 2-27（c）所示为塑件内部进料的轮辐式浇口，开设主流道的浇口套伸进塑件内部成为其上部的型芯。

　　轮辐式浇口的特点是浇口凝料比环形浇口少得多且去除浇口容易，但是塑料制件的熔接痕增多，这会影响塑件的强度。

　　这类浇口在生产中比环形浇口应用广泛，多用于底部有大孔圆筒形或壳型塑件。

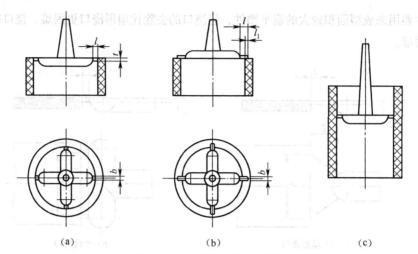

图 2-27 轮辐式浇口的结构形式

f. 点浇口。点浇口又称为针形浇口、菱形浇口，是一种截面尺寸很小的浇口，俗称小浇口，如图 2-28 所示。这类浇口由于前后两端存在较大的压力差，能较大地增大塑料熔体的剪切速率并产生较大的剪切热，从而导致熔体的表观黏度下降，流动性增加，有利于型腔的充填。因而对于薄壁塑件以及诸如聚乙烯、聚丙烯等表观黏度随剪切速率变化敏感的塑料成型有利，但不利于成型流动性差及热敏性塑料，也不利于成型平薄易变形及形状非常复杂的塑件。

点浇口的结构形式有多种，图 2-28（a）所示为直接式，圆锥形的小端直接与塑件相连。

图 2-28（b）所示为圆锥形的小端有一段直径为 d、长度为 l 的点浇口与塑件相连，适用于批量不大的塑件成型和流动性好的塑料。

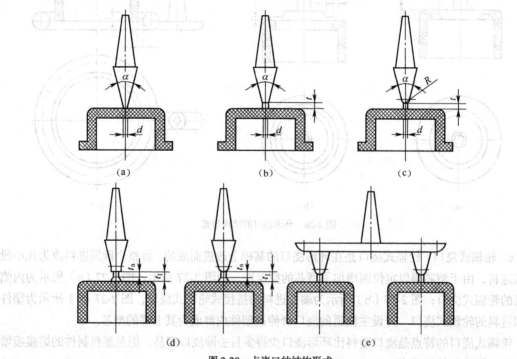

图 2-28 点浇口的结构形式

图 2-28（c）所示为圆锥形小端带有圆角的形式，其截面积相应增大，塑料冷却减慢，注射

过程中型芯受到的冲击力要小些，但加工不方便。

图 2-28（d）所示为点浇口底部增加一个小凸台的形式，其作用是保证脱模时浇口断裂在凸台小端处，使塑件表面不受损伤，但塑件表面遗留有高起的凸台，影响其表面质量。为了防止这种缺陷，可让小凸台低于塑件的表面。

图 2-28（e）所示为适用于一模多件或一个较大塑件多个点浇口的形式。

g. 潜伏浇口。潜伏浇口又称为隧道式浇口或剪切浇口，是由点浇口演变而来的。它除了具有点浇口的特点外，其进料部分开设在模具的隐蔽处，因而塑件外表面不受损伤，塑料制件比较美观。潜伏浇口的结构形式如图 2-29 所示。图 2-29（a）所示为潜伏浇口开设在定模部分的形式，图 2-29（b）所示为潜伏浇口开设在动模部分的形式，图 2-29（c）所示为潜伏浇口开设在推杆的上部而进料口开设在推杆上端的形式。

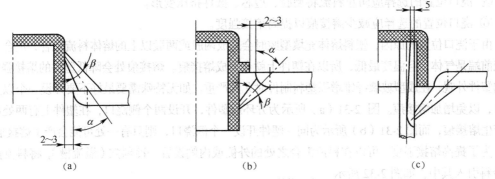

图 2-29　潜伏浇口的结构形式

由于潜伏浇口成一定角度与型腔相连，形成了能切断浇口的刃口，这一刃口在脱模或分型时形成剪切力并将浇口自动切断，不过，潜伏浇口对于较强韧的塑料则不宜采用。

h. 爪形浇口。爪形浇口的结构形式如图 2-30 所示。爪形浇口可在型芯的头部开设流道，如图 2-30（a）所示；也可在主流道下端开设流道，如图 2-30（b）所示。但后者加工较困难，通常需要用电火花成型。爪形浇口的型芯又用做分流锥，其头部与主流道有自动定心的作用（型芯头部有一段尺寸与主流道下端大小相同），从而避免了塑件弯曲变形或同轴度差等成型缺陷，适用于内孔较小且同轴度要求较高的细长管状塑件。

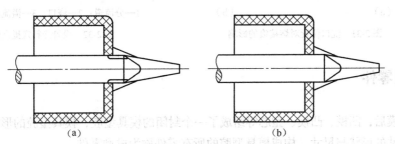

图 2-30　爪形浇口的结构形式

2. 浇口的位置

浇口的形式很多，但无论采用什么形式的浇口，其开设的位置对塑件的成型性能及成型质量影响都很大。所以，合理选择浇口的开设位置是提高塑件质量的一个重要设计环节。在选择浇口位置时，应针对塑料制件的几何形状特点及技术要求，来分析熔融塑料在模内的流动状态、填充条件、排气条件等因素。

① 浇口应开设在塑件断面最厚处。当塑件的壁厚相差较大时，若将浇口开设在壁薄处，这时塑料熔体进入型腔后，不但流动阻力大，而且还易冷却，影响熔体的流动距离，难以保证充填满整个型腔。塑件壁厚处往往是熔体最晚固化的地方，如果浇口开设在薄壁处，那么壁厚的地方因液体收缩得不到补缩会形成表面凹陷或缩孔。

② 浇口的尺寸及位置选择应避免产生喷射和蠕动现象。小的浇口如果正对着一个宽度和厚度较大的型腔，则高速料流经浇口时，由于受到很大的切应力，将产生喷射、蠕动等熔体断裂现象。有时喷射现象还会使塑料制件形成波纹状流痕。

③ 浇口位置的选择应使塑料的流程最短，料流变化方向最少。

④ 浇口位置的选择应有利于型腔内气体的排出。

⑤ 浇口位置的选择应防止料流将型腔、型芯、嵌件挤压变形。

⑥ 浇口位置的选择应减少熔接痕以提高熔接强度。

由于浇口位置的原因，塑料熔体充填型腔时会造成两股或两股以上的熔体料流汇合，汇合之处料流前端是气体，且温度最低，所以在塑件上就会形成熔接痕。熔接痕处会降低塑件的熔接强度，影响塑件外观，在成型玻璃纤维增强塑料制件时尤其严重。如无特殊需要最好不要开设一个以上的浇口，以免增加熔接痕。图 2-31（a）所示为方环形塑件，开设两个侧浇口，在塑件上有两处可能会产生熔接痕，而图 2-31（b）所示为同一塑件开设一个侧浇口，则只有一处可能会产生熔接痕。

为了提高熔接强度，可以在料流汇合之处的外侧或内侧设置一冷料穴（溢流槽），将料流前端的冷料引入其中，如图 2-32 所示。

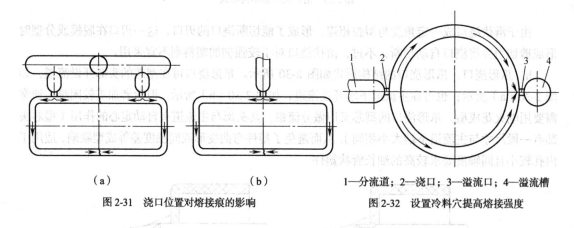

（a） （b）

1—分流道；2—浇口；3—溢流口；4—溢流槽

图 2-31 浇口位置对熔接痕的影响　　图 2-32 设置冷料穴提高熔接强度

2.6 成型零件

模具合模后，凹模、凸模、型芯等组成了一个封闭的模具型腔，模具型腔的形状与尺寸就决定了塑料制件的形状与尺寸。构成模具型腔的所有零件称为成型零件。

2.6.1 成型零件的结构

成型零件主要包括凹模、凸模、镶拼件、成型杆、成型环等。

1. 凹模的结构

凹模也称为型腔，是成型塑件外表面的主要零件。当塑件上存在外螺纹时由螺纹型环成型。

凹模的基本结构可分为整体式、整体嵌入式和镶拼式。

（1）整体式凹模

整体式凹模如图 2-33 所示，它具有较高的强度和刚度，但加工困难，热处理不方便。它仅适用于形状简单的中小型塑料制件的成型。

（2）整体嵌入式凹模

整体嵌入式凹模安装在凹模固定板中，如图 2-34 所示，适用于小型塑件的多型腔模。小型塑件采用多型腔模具成型时，各单个型腔和型芯采用机械加工、冷挤压、电加工等方法单独加工制成，然后采用 H7/m6 过渡配合压入模板中。这种结构加工效率高，装拆方便，容易保证形状和尺寸精度。

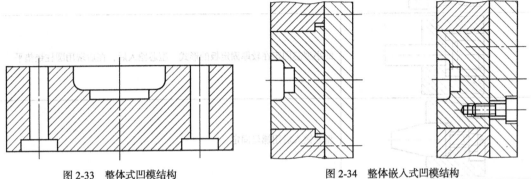

图 2-33　整体式凹模结构　　　　图 2-34　整体嵌入式凹模结构

（3）镶拼式凹模

采用镶件或拼块组成凹模的局部型腔如图 2-35 所示，镶件可以嵌拼在四壁，也可镶在底部。镶拼组合式必须注意结构合理，应保证型芯和镶块的强度，防止热处理时变形，避免尖角镶拼。此外，还要注意方便脱模。

2. 凸模的结构

凸模也称为型芯，是成型塑件内表面的零件。成型其主体部分内表面的零件称为主型芯或凸模，而成型其他小孔的型芯称为小型芯或成型杆。当塑件上存在内螺纹时由螺纹型芯成型。

（1）组合式凸模

常用的组合式凸模结构如图 2-36 所示，适用于大型注塑模凸模结构，有利于凸模冷却和排气。

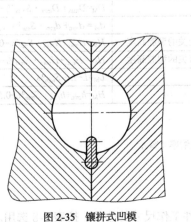

图 2-35　镶拼式凹模

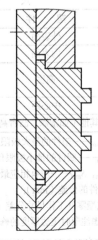

图 2-36　组合式凸模结构

（2）小型芯

小型芯是用来成型塑件上的小孔或槽。小型芯单独制造后，再嵌入模板或大型芯中。表 2-6 所示为小型芯常用的几种固定方法。

表 2-6　　　　　　　　　　　小型芯常用的固定方法

型芯结构及固定方法	注 意 事 项
	用台肩固定的形式，下面用垫板压紧
	细小型芯固定在较厚固定板的形式，型芯镶入后，在后端用圆柱垫垫平
	型芯镶入后用螺母固定

2.6.2　成型零件的工作尺寸计算

成型零件的工作尺寸是指凹模和型芯直接构成塑件的尺寸。成型零件分为两大类：光滑成型零件（如型腔、型芯）、螺纹成型零件（如螺纹型芯、螺纹型环）。下面主要介绍光滑成型零件的工作尺寸计算。

成型零件的工作尺寸计算要考虑塑料制件的尺寸公差、塑料收缩率、溢料飞边的厚度、塑料制件脱模、模具制造的加工条件等因素。

光滑成型零件的工作尺寸计算方法如表 2-7 所示。

表 2-7　　　　　　　　　　　光滑成型零件的工作尺寸计算

类　别	塑件	模具成型零件	计 算 公 式
Ⅰ	外表面	型腔内表面	$D_M=D_{max}+D_{max}\cdot S_{max}\%-T_Z$
Ⅱ	内表面	型芯外表面	$d_M=d_{min}+d_{min}\cdot S_{min}\%+T_Z$
Ⅲ	高度	与飞边厚度无关的型腔高度	$H_M=H_{max}+H_{max}\cdot S_{mid}\%-0.5(T_Z+T_M)$
Ⅳ		与飞边厚度有关的型腔高度	$H_{M1}=H_{max}+H_{max}\cdot S_{mid}\%-C-0.5(T_Z+T_M)$
Ⅴ	中心距	中心距	$L_M=L+L\cdot S_{min}\%$
Ⅵ	其他（如槽深、凸台高）		$H_M=h_{min}+h_{min}\cdot S_{mid}\%+0.5(T_Z+T_M)$

注：D_{max}，H_{max}——塑件的最大极限尺寸（mm）；

d_{min}，h_{min}——塑件的最小极限尺寸（mm）；

S_{max}，S_{min}，S_{mid}——塑料相应最大，最小和平均收缩率（%）；

T_Z——塑件的公差（mm）；

T_M——成型零件工作尺寸公差（mm）；

C——考虑注塑时飞边厚度的修正系数。

与塑件成型尺寸的公差等级有关的成型零件工作尺寸的公差，按表 2-8 选用。

表 2-8   成型零件工作尺寸的公差带

塑件尺寸的公差等级	成型零件工作尺寸的公差带		中 心 距
	型腔内表面和Ⅲ、Ⅳ类高度	型芯外表面和Ⅵ类尺寸	
IT10～IT11	H7	h6	
IT12 ～IT14	H9	H9	± T_Z/6
IT15～ IT16	H11	H11	
IT17	H12	H12	

注：T_Z——塑件的公差（mm）。

塑件未标明脱模斜度时，为了便于塑件脱模，成型零件的工作表面上应有斜角，斜角必须限定在塑件的公差带范围内，按表 2-9 选取。倾斜方向应保证脱模的顺利进行，外表面斜角可增大，内表面斜角可减小。

表 2-9   成型零件工作表面上的斜角 α

塑料	斜角 α	
	成型零件内表面	成型零件外表面
酚醛玻璃纤维塑料	0°15′	0°30′
聚乙烯	0°30′	1°
其余热塑性和热固性塑料	0°10′	0°20′

按表 2-7、表 2-8、表 2-9 计算确定的成型零件工作尺寸，应按表 2-10 进行校核，以保证制件的尺寸精度。

表 2-10   塑料注塑成型时制品可达到的尺寸精度

尺 寸		计 算 公 式
类 别	制品	
Ⅰ	外表面	$T_Z \geq T_S + T_M + 2T_X$
Ⅱ	内表面	式中 $T_S = D (S_{max} - S_{min})$ %（外表面）； $T_S = d (S_{max} - S_{min})$ %（内表面）； $T_X = H \tan \alpha$
Ⅲ	与飞边厚度无关的型腔高度	$T_Z \geq T_S + T_M$
Ⅳ	与飞边厚度有关的型腔高度	式中 $T_S = H (S_{max} - S_{min})$ %（高度）；
Ⅴ	中心距	$T_S = L (S_{max} - S_{min})$ %（中心距）；
Ⅵ	其他	$T_S = h (S_{max} - S_{min})$ %（其他）； $T_Z \geq T_S + T_M + T_C$

注：T_Z——塑件的公差（mm）；

T_S——塑料收缩率波动对塑件尺寸引起的误差（mm）；

S_{max}，S_{min}——塑料相应最大，最小收缩率（%）；

T_M——成型零件工作尺寸公差（mm）；

T_X——成型零件工作表面的斜角对制件尺寸引起的误差（mm）；

D、d、H、L、h——塑件相应的成型尺寸（mm）；

α——成型零件工作表面的斜角；

T_C——飞边厚度波动对制件高度尺寸引起的误差。

计算成型零件工作尺寸时，塑料的成型收缩率可按相应的标准、有关塑料生产厂的产品说明书等资料查找。对于某些不太重要的塑料制件，如日用器皿等，可不考虑收缩率。对尺寸精度有较高要求的塑料制件，只有在成型工艺规程规定条件下制造出试样后，才能获得准确的收缩率值。塑料制件的壁厚、形状、外形尺寸、熔料流长度、浇口形式等均对收缩率有影响，这点在计算成型零件工作尺寸时，都应予以注意。

2.6.3 型腔壁厚的计算

1. 型腔的强度及刚度要求

塑料模具型腔侧壁和底壁厚度如果不够，型腔容易发生强度破坏。与此同时，刚度不足则会产生溢料和影响塑件尺寸精度，也可能导致脱模困难等，所以模具对强度和刚度都有要求。

但在实际生产中，模具对强度及刚度的要求并非同时兼顾。对于大尺寸型腔，刚度不足是主要问题，应按刚度条件计算；对于小尺寸型腔，强度不足是主要问题，应按强度条件计算。

2. 型腔壁厚的计算

常用圆形和矩形凹模侧壁和底壁的厚度计算公式如表 2-11 所示。表 2-11 所示计算公式中的 4 个系数 c、c'、α、α' 参见表 2-12～表 2-15。

表 2-11 　　　　　　　　常用圆形和矩形凹模侧壁和底壁的厚度计算公式

类　型	图　例	位　置	按强度计算	按刚度计算
圆形凹模 整体式		侧壁	$t_c = r\left(\sqrt{\dfrac{\sigma_p}{\sigma_p - 2P_M}} - 1\right)$	$t_c = r\left[\sqrt{\dfrac{\dfrac{E[\sigma]}{rP_M} - (\mu - 1)}{\dfrac{E[\sigma]}{rP_M} - (\mu + 1)}} - 1\right]$
		底壁	$t_h = \sqrt{\dfrac{3P_M r^2}{4\sigma_p}}$	$t_h = \sqrt[3]{\dfrac{0.1758 P_M r^4}{E[\sigma]}}$
圆形凹模 镶拼组合式		侧壁	$t_c = r\left(\sqrt{\dfrac{\sigma_p}{\sigma_p - 2P_M}} - 1\right)$	$t_c = r\left[\sqrt{\dfrac{\dfrac{E[\sigma]}{rP_M} - (\mu - 1)}{\dfrac{E[\sigma]}{rP_M} - (\mu + 1)}} - 1\right]$
		底壁	$t_h = r\sqrt{\dfrac{1.22 P_M}{\sigma_p}}$	$t_h = \sqrt[3]{\dfrac{0.74 P_M r^4}{E[\sigma]}}$
矩形凹模 整体式		侧壁	$t_c = h\sqrt{\dfrac{\alpha P_M}{\sigma_p}}$	$t_c = \sqrt[3]{\dfrac{c P_M h^4}{E[\sigma]}}$
		底壁	$t_h = b\sqrt{\dfrac{\alpha' P_M}{\sigma_p}}$	$t_h = \sqrt[3]{\dfrac{c' P_M h^4}{E[\sigma]}}$
矩形凹模 镶拼组合式		侧壁	$t_c = l\sqrt{\dfrac{P_M h}{2H\sigma_p}}$	$t_c = \sqrt[3]{\dfrac{P_M h l^4}{32EH[\sigma]}}$
		底壁	$t_h = l\sqrt{\dfrac{3P_M b}{4B\sigma_p}}$	$t_h = \sqrt[3]{\dfrac{5P_M b l^4}{32EB[\sigma]}}$

注：P_M——模具型腔压力（MPa）；

　　E——材料弹性模量（MPa）；

σ_p——材料许用应力（MPa）；

μ——材料的泊松比；

r——凹模型腔内孔或凸模、型芯外圆的半径（mm）；

R——凹模的外部轮廓半径（mm）；

l——凹模型腔的内孔长边尺寸（mm）；

L——凸模、型芯的长度或模具支承块的间距（mm）；

h——凹模型腔的深度（mm）；

H——凹模外侧的高度（mm）；

b——凹模型腔的内孔短边尺寸或其底面的受压宽度（mm）；

B——凹模外侧底面的宽度（mm）；

t_c——凹模型腔侧壁的计算厚度（mm）；

t_h——凹模型腔底壁的计算厚度（mm）；

$[\sigma]$——允许变形量（mm）。

表 2-12　　　　　　　　　　　　　　　　系数 c

h/l	l/h	c	h/l	l/h	c
0.3	3.33	0.960	0.9	1.10	0.045
0.4	2.50	0.570	1.0	1.00	0.031
0.5	2.00	0.330	1.2	0.83	0.015
0.6	166	0.188	1.5	0.67	0.006
0.7	1.43	0.177	2.0	0.50	0.002
0.8	1.25	0.073			

表 2-13　　　　　　　　　　　　　　　　系数 c'

l/b	c'	l/b	c'
1.0	0.0138	1.6	0.0251
1.1	0.0164	1.7	0.0260
1.2	0.0188	1.8	0.0267
1.3	0.0209	1.9	0.0272
1.4	0.0226	2.0	00277
15	0.0240		

表 2-14　　　　　　　　　　　　　　　　系数 α

L/h	0.25	0.50	0.75	1.0	1.5	2.0	3.0
α	0.02	0.081	0.173	0.321	0.727	1.226	2.105

表 2-15　　　　　　　　　　　　　　　　系数 α'

L/b	1.0	1.2	1.4	1.6	1.8	2.8	>2.8
α'	0.3078	0.3834	0.4356	0.4680	0.4872	0.4974	0.5000

2.7　合模导向机构

在模具进行装配或成型时，合模导向机构主要用来保证动模和定模两大部分或模内其他零件之间的准确对合，以确保塑料制件的形状和尺寸精度，并避免模内各零部件发生碰撞和干涉。合模导向机构主要有导柱导向和锥面定位两种形式。

2.7.1　导柱导向结构

导柱导向机构是比较常用的一种形式，其主要零件是导柱和导套，如图 2-37 所示。

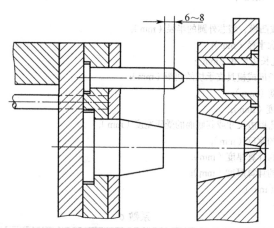

图 2-37　导柱导向机构

1. 导柱

（1）导柱的结构形式

导柱的典型结构如图 2-38 所示。图 2-38（a）所示为 A 型带头导柱的形式，其结构简单，加工方便。用于简单模具的小批量生产，一般不需要导套，导柱直接与模板上的导向孔配合；用于大批量生产时，可在模板中加设导套。

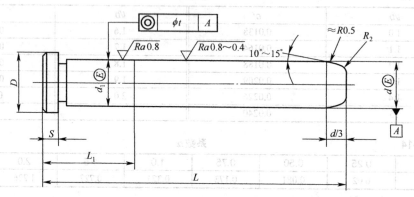

（a）带头导柱

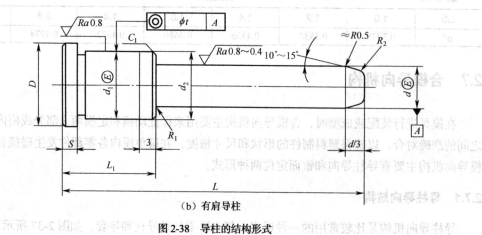

（b）有肩导柱

图 2-38　导柱的结构形式

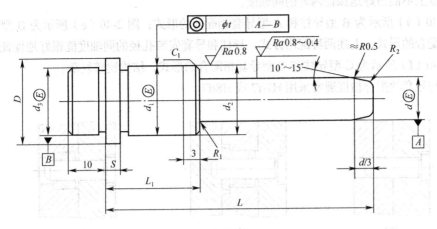

（c）有肩导柱

图 2-38　导柱的结构形式（续）

图 2-38（b）所示和图 2-38（c）所示分别为 B 型、C 型两种有肩导柱的形式，用于精度要求高、生产批量大的模具。导柱与导套相配合，导套的外径与导柱的固定轴肩直径相等，即导柱的固定孔径与导套的固定孔一样大小，这样两孔可同时加工，以保证同轴度要求。导柱的导滑部分可根据需要加工出油槽，以便润滑和集尘，提高使用寿命。

（2）导柱的布置形式

根据注射模具体的结构形状和尺寸，导柱一般可设置 4 个，小型模具可以设置 2 个，圆形模具可以设置 3 个。导柱应合理均匀分布在模具分型面的四周，导柱中心至模具边缘应有足够的距离，以保证模具强度。为确保模具装配或合模时方位的正确性，导柱的布置可采用等径导柱不对称分布或不等径导柱对称分布的形式，如图 2-39 所示。

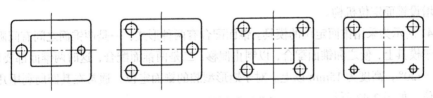

图 2-39　导柱的布置形式

根据模具的具体结构需要，导柱可以固定在动模一侧，也可以设置在定模一侧。标准模架一般将导柱设置在动模一侧；如果模具采用推件板脱模时，导柱须设置在动模侧；如果模具采用三板式结构（如点浇口模具）而且采用推件板脱模时，则动、定模两侧均需设置导柱。

2. 导柱与导套的配合形式

导柱与导套的配合形式可根据模具结构及生产要求而不同，常见的配用形式如图 2-40 所示。

图 2-40（a）所示为 A 型导柱直接与模板上的导向孔相配合的形式，容易磨损。

图 2-40（b）所示为 A 型导柱和 B 型导套相配合的形式；图 2-40（c）所示为 A 型导柱和 A 型导套相配合的形式，这两种配合方式由于导柱和导套安装孔径不一致，不便于同时配合加工，

在一定程度上不能很好地保证两者的同轴度。

图 2-40（d）所示为 B 型导柱和 A 型导套相配合的形式；图 2-40（e）所示为 B 型导柱和 B 型导套相配合的形式，上述两种配用方式，导柱和导套安装孔径的同轴度能很好地保证。

图 2-40（f）所示为 C 型导柱和 C 型导套相配合的形式，结构比较复杂。

导柱与导套的配合精度通常采用 H7/f7 或 H8/f7。

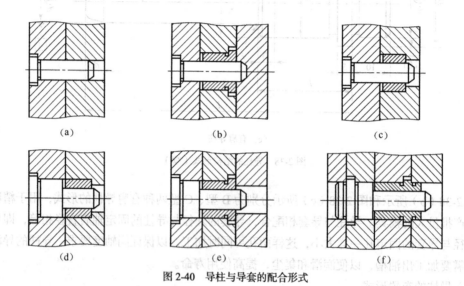

图 2-40　导柱与导套的配合形式

2.7.2　锥面定位机构

在成型大型深腔薄壁和高精度的塑件或偏心的塑件时，动、定模之间应有较高的合模定位精度，由于导柱与导向孔之间是间隙配合，无法保证应有的定位精度。另外在注射成型时往往会产生很大的侧向压力，如仍然仅由导柱来承担，容易造成导柱的弯曲变形，甚至使导柱卡死或损坏，因此还应增设锥面定位机构。

图 2-41 所示为采用锥面定位的模具。锥面配合有两种形式：一是两锥面之间有间隙，将淬火的零件装于模具上，使之和锥面配合，以制止偏移；二是两锥面配合，这时两锥面都要淬火处理，角度为 5°～20°，高度为 15mm 以上。对于矩形型腔的锥面定位，通常在其四周利用几条凸起的斜边来定位，如图 2-42 所示。

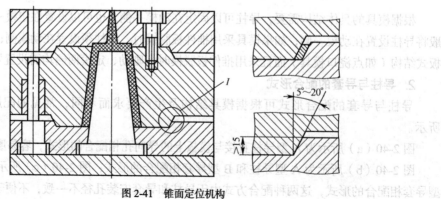

图 2-41　锥面定位机构

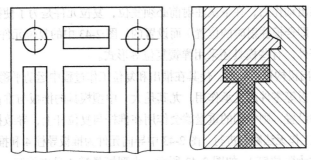

图 2-42 矩形型腔锥面定位

2.8 推出机构

每次注射模在注射机上合模注射结束后，都必须将模具打开，然后把成型后的塑料制件及浇注系统的凝料从模具中脱出，脱出塑件的机构称为推出机构或脱模机构。推出机构的动作通常是由安装在注射机上的顶杆或液压缸来完成的。

2.8.1 推出机构的结构组成

推出机构一般由推出、复位和导向三大元件组成。现以图 2-43 所示的常用推出机构具体说明推出机构的组成与作用。

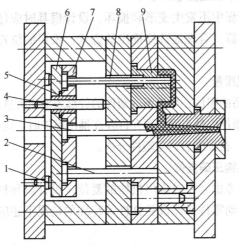

1—支承钉；2—复位杆；3—拉料杆；4—推板导柱；5—推板导套；6—推板
7—推杆固定板；8—推杆；9—型芯

图 2-43 推出机构

凡与塑件直接接触并将塑件从模具型腔中或型芯上推出脱下的元件，称为推出元件。如图 2-43 中推杆 8、拉料杆 3 等。它们固定在推杆固定板 7 上，为了推出时推杆有效工作，在推杆固定板后需设置推板 6，它们两者之间用螺钉连接。常用的推出元件有推杆、推管、推件板和成型推杆等。

推出机构进行推出动作后，在下次注射前必须复位，复位元件是为了使推出机构能回复到塑件被推出时的位置（即合模注射时的位置）而设置的。图2-43中的复位元件是复位杆2。复位元件除了常用的复位杆外，有些模具还采用弹簧复位等形式。

导向元件是对推出机构进行导向，使其在推出和复位工作过程中运动平稳无卡死现象，同时，对于推板和推杆固定板等零件起支承作用。尤其是大、中型模具的推板与推杆固定板重量很大，若忽略了导向元件的设置，则它们的重量就会作用在推杆与复位杆上，导致推杆与复位杆弯曲变形，甚至推出机构的工作无法顺利进行。图2-43中导向元件为推板导柱4和推板导套5。有的模具还设有支承钉（也称为限位钉），如图2-43所示，小型模具需4只支承钉，大、中型模具需6～8只甚至更多。支承钉使推板与动模座板间形成间隙，易保证平面度，有利于废料、杂物的去除，减少动模座板的机加工工作量，此外还可以通过支承钉厚度的调节来调整推杆工作端的装配位置等。

2.8.2 推出机构的设计原则

推出机构的结构类型虽然多样化，但必须遵守统一的设计原则。

1. 应尽量使塑件留于动模一侧

由于推出机构的动作是通过注射机动模一侧的顶杆或液压缸来驱动的，所以一般情况下模具的推出机构设置在动模一侧。正是由于这种原因，在考虑塑件在模具中的位置和分型面的选择时，应尽量使模具分型后塑件留在动模一侧，这就要求动模部分所设置的型芯被塑件包围的侧面积之和要比定模部分的多。

2. 塑件在推出过程中不发生变形和损坏

为了使塑件在推出过程中不发生变形和损坏，设计模具时应仔细进行塑件对模具包紧力和黏附力大小的分析与计算，合理地选择推出的方式、推出的位置、推出零件的数量、推出面积等。

3. 不损坏塑件的外观质量

对于外观质量要求较高的塑件，尽量不选塑件的外部表面作为推出位置，即推出塑件的位置尽量设在塑件内部。对于塑件内外表面均不允许存在推出痕迹时，应改变推出机构的形式或设置专为推出用的工艺塑料块，在推出后再与塑件分离。

4. 合模时应使推出机构正确复位

设计推出机构时，应考虑合模时推出机构的复位。设计斜导杆和斜导柱侧向抽芯及带有活动镶件的模具时，在活动零件后面设置推杆等特殊的情况下还应考虑推出机构的预先复位问题等。

5. 推出机构应动作可靠

推出机构在推出与复位的过程中，结构应尽量简单，动作可靠、灵活，制造容易。

2.8.3 典型推出机构

在注射模设计和注射生产中，最简单且使用最为广泛的是推杆推出机构、推管推出机构和推件板推出机构，这类简单的推出机构称为常用推出机构。此外，活动镶件推出机构和凹模推出机构也比较简单。

简单推出机构又称一次推出机构，它是指开模后在动模一侧用一次推出动作完成塑件的推出。

1. 推杆推出机构

推杆推出机构的工作原理如图 2-43 所示，注射成型后，动模部分向后移动，塑件包紧在型芯 9 上随模一起移动。如果是机动顶出，在动模部分后移的过程中，当推板 6 和注射机的刚性顶杆接触时，推出机构就静止不动，动模继续后移，推杆与动模之间就产生了相对移动，推杆将塑件从动模的型芯推出脱模。

2. 推管推出机构

图 2-44 所示为常用的推管推出机构。图 2-44（a）所示为推管固定在推杆固定板上，而中间型芯固定在动模座板上的形式。这种结构定位准确，推管强度高，型芯维修和更换方便，缺点是型芯太长。图 2-44（b）所示为用键将型芯固定在动模板上的形式。这种形式适于型芯较大的场合。但由于推管要让开键，所以必须在其上面开槽，因此推管的强度会受到一定影响。图 2-44（c）所示为型芯固定在动模板上，推管在动模板内移动的形式。这种形式的推管较短，刚性好，制造方便，装配容易，但支承板需要较大的厚度，适于推出距离较短的场合。另外，在动模板内的推板和推管固定板上一定要设置复位杆，否则推管推出后，合模时无法复位。

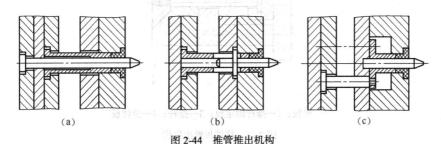

（a）　　　　　　　　（b）　　　　　　　　（c）

图 2-44　推管推出机构

为保证推管在推出时不擦伤型芯及相应的成型表面，推管的外径应比塑件外壁尺寸小 0.5mm 左右；推管的内径应比塑件的内径每边大 0.2～0.5mm。

3. 推件板推出机构

推件板推出机构由一块与凸模按一定配合精度相配合的模板和复位杆组成，随着推出机构开始工作，推杆推动推件板，推件板从塑料制件的端面将其从型芯上推出。如果内腔是一个比较有规则的薄壁塑料，例如圆形或矩形，此时，就可以采用推件板推出机构。

图 2-45 所示为推件板推出机构的几种结构形式。图 2-45（a）所示为用整块模板作为推件板的形式，推杆推在推件板上，推件板将塑件从型芯上推出，推出后推件板底面与动模板分开一段距离。这种推出机构清理较为方便且有利于排气，应用较广。这种形式的塑料注射模，在动模部分一定要设置导柱，用于对推件板的支承与导向。

图 2-45（b）中的推杆可以用螺纹与推件板连接以防止推件板从导柱上脱落下来。

图 2-45（c）所示为推件板镶入动模板内的形式，推杆端部用螺纹与推件板相连接，并与动模板作导向配合，推出机构工作时，推件板除了与型芯作配合外，还依靠推杆进行支承与导向。这种推出机构结构紧凑，推件板在推出过程中也不会掉下，适合于动模板比较厚的场合。

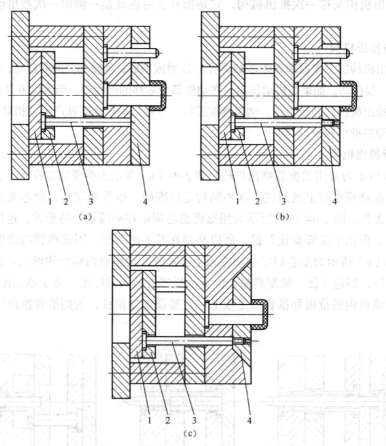

1—推板；2—推杆固定板；3—推杆；4—推件板

图2-45　推件板推出机构

2.9　抽芯机构

　　注射成型的塑件，如果在与开合模方向不同的内侧或外侧具有孔、凹穴或凸台时，塑件就不能直接由推杆等推出机构推出脱模，此时，模具上成型该处的零件必须制成可侧向移动的活动型芯，以便在塑件脱模推出之前，先将侧向成型零件抽出，然后再把塑件从模内推出，否则就无法脱模。带动侧向成型零件作侧向分型抽芯和复位的整个机构称为侧向分型与抽芯机构。对于成型侧向凸台的情况，常称为侧向分型；对于成型侧孔或侧凹的情况，常称为侧向抽芯。

2.9.1　抽芯机构的分类

　　按照侧向抽芯动力来源的不同，注射模的侧向分型与抽芯机构可分为机动侧向分型与抽芯机构、液压侧向分型与抽芯机构、手动侧向分型与抽芯机构三大类。

1．机动侧向分型与抽芯机构

　　开模时，依靠注射机的开模力作为动力，通过有关传动零件（如斜导柱、弯销等）将力作用于侧向成型零件使其侧向分型或将其侧向抽芯，合模时依靠它们使侧向成型零件复位的机构，称为机动侧向分型与抽芯机构。机动侧向分型与抽芯机构按照结构形式不同又可分为斜导柱侧向分型与抽芯机构、弯销侧向分型与抽芯机构、斜滑块侧向分型与抽芯机构、齿轮齿条侧向分型与抽芯机构等。机动侧向分型与抽芯机构虽然使模具结构复杂，但其抽芯力大，生产效率高，容易实现自动化操作，且不需另外添置设备，因此在生产中得到了广泛的应用。

2. 液压侧向分型与抽芯机构

液压侧向分型与抽芯机构是指以压力油作为分型与抽芯动力，在模具上配制专门的抽芯液压缸（也称抽芯器），通过活塞的往复运动来完成侧向抽芯与复位。这种抽芯方式传动平稳，抽芯力较大，抽芯距也较长，抽芯的时间顺序可以自由地根据需要设置。其缺点是增加了操作工序，而且需要配置专门的液压抽芯器及控制系统。现代注射机随机均带有抽芯的液压管路和控制系统，所以采用液压侧向分型与抽芯也十分方便。

3. 手动侧向分型与抽芯机构

手动侧向分型与抽芯机构是指利用人工在开模前或脱模后使用专门制造的手工工具抽出侧向活动型芯的机构。这类机构操作不方便，工人劳动强度大，生产效率低，而且受人力限制难以获得较大的抽芯力；但模具结构简单、成本低，常用于产品的试制、小批量生产或无法采用其他侧向抽芯机构的场合。由于丝杠螺母传动副能获得比较大的抽芯力，因此这种机构在手动侧向抽芯中应用较多。

2.9.2 斜导柱侧向抽芯机构

1. 斜导柱侧向抽芯机构的组成与工作原理

在所有的侧向抽芯机构中，斜导柱侧向抽芯机构应用最为广泛，其基本结构组成如图 2-46 所示。它是由侧型芯 8 和侧向成型块 12，在推件板 1 上的导滑槽内作侧向分型与抽芯运动和复位运动的侧滑块 5、12，固定在定模板 10 内与合模方向成一定角度的斜导柱 7、11，注射时防止侧型芯和侧滑块产生位移的楔紧块 6、13，使侧滑块在抽芯结束后准确定位的限位挡块 2、14，拉杆 4，弹簧 3，垫圈螺母等零件组成的限位机构组成。

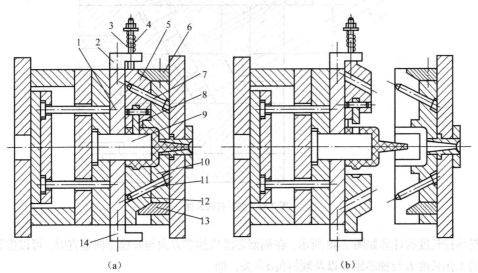

1—推件板；2、14—挡块；3—弹簧；4—拉杆；5—侧滑块；
6、13—楔紧块；7、11—斜导柱；8—侧型芯；9—凸模；10—定模板；12—侧向成型块

图 2-46 斜导柱侧向分型与抽芯机构

图 2-46（a）所示为注射结束的合模状态，侧滑块 5、12 分别由楔紧块 6、13 锁紧。开模时如图 2-46（b）所示，动模部分向后移动，塑件包在凸模上随着动模一起移动，在斜导柱 7 的作用下，侧滑块 5 带动侧型芯 8 在推件板上的导滑槽内向上侧作侧向抽芯。在斜导柱 11 的作用下，侧向成型块 12 在推件板上的导滑槽内向下侧做侧向分型。侧向分型与抽芯结束，斜导柱脱离侧滑块，侧滑块 5 在弹簧 3 的作用下拉紧在限位挡块 2 上，侧向成型块 12 由于自身的重力紧靠在挡块 14 上，以便再次合模时斜导柱能准确地插入侧滑块的斜导孔中，迫使其复位。

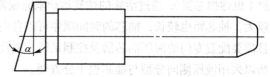

2. 斜导柱的结构尺寸

斜导柱的基本结构形式如图 2-47 所示。

图 2-47　斜导柱的基本结构形式

（1）确定斜导柱倾斜角

在斜导柱侧向分型与抽芯机构中，斜导柱与开合模方向的夹角称为斜导柱的倾斜角 α，它是决定斜导柱抽芯机构中工作效果的重要参数，α 的大小对斜导柱的有效工作长度、抽芯距、受力状况等起着直接重要的影响。

在确定斜导柱倾斜角时，通常抽芯距较长时 α 可取大些，抽芯距较短时 α 可适当取小些；抽芯力大时 α 可取小些，抽芯力小时 α 可取大些。从斜导柱的受力情况考虑，希望 α 值取小一些；从减小斜销长度考虑，又希望 α 值取大一些。因此，斜导柱倾斜角值的确定应综合考虑。

（2）斜导柱的长度

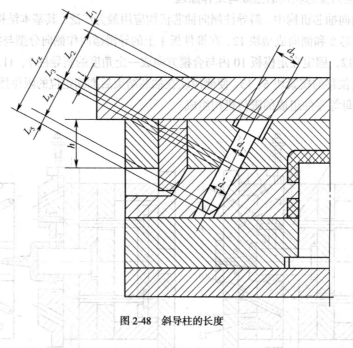

图 2-48　斜导柱的长度

斜导柱长度的计算如图 2-48 所示。在侧型芯滑块抽芯方向与开模方向垂直时，可以推导出斜导柱的工作长度 L 与抽芯距 S 以及倾斜角 α 有关，即

$$L = \frac{S}{\sin\alpha} \tag{2-9}$$

当型芯滑块抽芯方向向动模一侧或向定模一侧倾斜 β 角度时，斜导柱的工作长度为

$$L = S \frac{\cos\beta}{\sin\alpha} \qquad (2-10)$$

斜导柱的总长为

$$L_z = L_1 + L_2 + L_3 + L_4 + L_5$$

$$= \frac{d_2}{2}\tan\alpha + \frac{h}{\cos\alpha} + \frac{d}{2}\tan\alpha + \frac{S}{\sin\alpha} + (5\sim10)\ \text{mm} \qquad (2-11)$$

式中　L_z——斜导柱总长度（mm）；

　　　d_2——斜导柱固定部分大端直径（mm）；

　　　h——斜导柱固定板厚度（mm）；

　　　d——斜导柱工作部分的直径（mm）；

　　　S——侧向抽芯距（mm）。

斜导柱安装固定部分的尺寸为

$$L_g = L_2 - l - (0.5\sim1)\text{mm}$$

$$= \frac{h}{\cos\alpha} - \frac{d_1}{2}\tan\alpha - (0.5\sim1)\ \text{mm} \qquad (2-12)$$

式中　L_g——斜导柱安装固定部分的尺寸；

　　　d_1——斜导柱固定部分的直径。

（3）斜导柱的直径

在斜导柱直径计算之前，应该对斜导柱的受力情况进行分析，如图 2-49 所示计算出斜导柱所受的弯曲力 F_W。

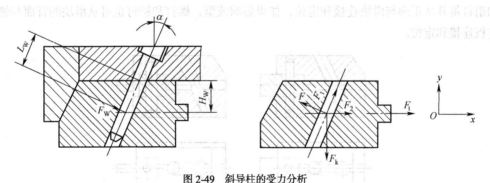

图 2-49　斜导柱的受力分析

斜导柱抽芯时所受弯曲力 F_W 计算公式为

$$F_W = \frac{F_t}{\cos\alpha} = \frac{F_c}{\cos\alpha} \qquad (2-13)$$

斜导柱的直径为

$$d = \sqrt[3]{\frac{F_W L_W}{0.1[\sigma_W]}} = \sqrt[3]{\frac{10F_t L_W}{[\sigma_W]\cos\alpha}} = \sqrt[3]{\frac{10F_c H_W}{[\sigma_W]\cos^2\alpha}} \qquad (2-14)$$

式中　H_W——侧型芯滑块受到脱模力的作用线与斜导柱中心线的交点到斜导柱固定板的距离。它的大小视模具设计而定，并不等于滑块高度的一半。

　　　F_c——抽芯力。

由于计算比较复杂，有时为了方便，也可用查表的方法确定斜导柱的直径。

3. 滑块的结构形式

滑块是斜导柱侧向分型与抽芯机构中的一个重要零部件，一般情况下，它与侧向型芯（或侧向成型块）分开加工，再装配成侧滑块型芯，称为组合式。在侧型芯简单且容易加工的情况下，也可以直接在滑块上制出侧型芯，称为整体式。在侧向分型与抽芯过程中，塑件的尺寸精度和移动的可靠性都要靠滑块运动的精度来保证。

图 2-50 所示为应用最广泛的是 T 形滑块。在图 2-50（a）所示形式中，T 形导滑面设计在滑块的底部，用于较薄的滑块，侧型芯的中心与 T 形导滑面较近，抽芯时滑块稳定性较好；在图 2-50（b）所示形式中，T 形导滑面设计在滑块的中间，适用于较厚的滑块，使侧型芯的中心尽量靠近 T 形导滑面，以提高抽芯时滑块的稳定性。

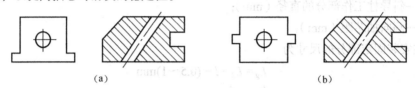

（a）　　　　　　　　　　　　　　　　　　（b）

图 2-50　滑块的基本结构形式

在组合式侧滑块型芯结构中，图 2-51 所示为常见的几种侧型芯与滑块的连接形式。

图 2-51（a）所示为侧型芯镶入后用圆柱销定位的形式；图 2-51（b）所示为细小的侧型芯在固定部分经适当放大镶入滑块后再用圆柱销定位的形式；图 2-51（c）所示为小的侧型芯从侧滑块的后端镶入后再使用螺钉固定的形式，在多个侧向圆形小型芯镶拼组合的情况下，经常采用这种形式；图 2-51（d）所示为多个小型芯镶拼组合的形式，把各个型芯镶入一块固定板后，用螺钉和销钉将其从正面与滑块连接和定位，如果影响成型，螺钉和销钉也可从滑块的背面与侧型芯固定板连接和定位。

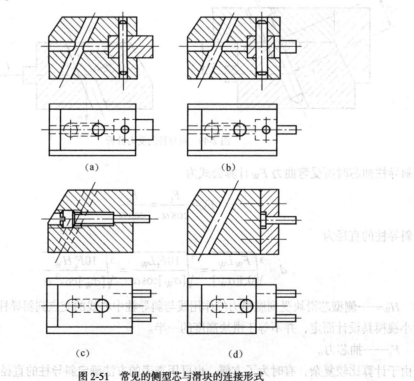

（a）　　　　　　　　　　　　　　　　　（b）

（c）　　　　　　　　　　　　　　　　　（d）

图 2-51　常见的侧型芯与滑块的连接形式

4. 导滑槽的结构形式

斜导柱侧向抽芯机构工作时，滑块是在导滑槽内按一定的精度和沿一定的方向往复移动的零件。导滑槽的形式很多，但最常用的是 T 形槽和燕尾槽。图 2-52 所示为导滑槽与侧滑块的导滑结构形式。图 2-52（a）所示为整体式 T 形槽，结构紧凑，用 T 形铣刀铣削加工，加工精度要求较高；图 2-52（b）所示为盖板设计成局部的形式，导滑槽开在盖板上；在图 2-52（c）所示的形式中，侧滑块的高度方向仍由 T 形槽导滑，而其宽度方向由中间所镶入的镶块导滑；图 2-52（d）所示为整体燕尾槽导滑的形式，导滑精度较高，但加工更困难。为了燕尾槽加工方便，有的将其中一侧的燕尾槽由局部的镶件组成。

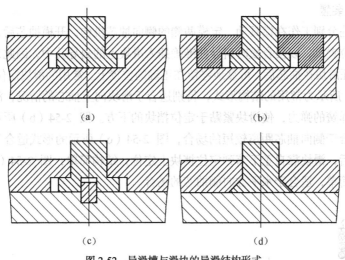

图 2-52　导滑槽与滑块的导滑结构形式

在设计导滑槽与滑块时，要正确选用它们之间的配合。导滑部分的配合一般采用 H8/f8。如果在配合面上成型时与熔融材料接触，为了防止配合处漏料，应适当提高配合精度，可采用 H8/f7 的配合，其余各处均可留 0.5mm 左右的间隙。配合部分的表面粗糙度 $Ra \leq 0.8\mu m$。

为了让侧滑块在导滑槽内移动灵活，不被卡死，导滑槽和滑块要求保持一定的配合长度。滑块完成抽拔动作后，保留在导滑槽内的滑块长度应不小于导滑总的配合长度的 2/3。

5. 楔紧块的结构形式

注射成型时，型腔内的熔融塑料以很高的成型压力作用在侧型芯上，从而使滑块后退产生位移，滑块的后移将力作用到斜导柱上，导致斜导柱产生弯曲变形；另一方面，由于斜导柱与滑块上的斜导孔采用较大的间隙配合，滑块的后移也会影响塑件的尺寸精度。所以，合模注射时，必须要设置锁紧装置锁紧滑块，常用的锁紧装置为楔紧块，如图 2-53 所示。图 2-53（a）所示为楔紧块用销钉定位、用螺钉固定于模板外侧面上的形式，制造装配简单，但刚性较差，仅用于侧向压力较小的场合；图 2-53（b）所示为楔紧块固定于模板内的形式，提高了楔紧强度和刚度，用于侧向压力较大的场合；图 2-53（c）、（d）所示为双重楔紧的形式，前者用辅助楔紧块将主楔紧块楔紧，后者采用楔紧锥与楔紧块双重楔紧。

在设计楔紧块时，楔紧块的斜角应大于斜导柱的倾斜角，否则开模时，楔紧块会影响侧抽芯动作的进行。这样，开模时楔紧块很快离开滑块的压紧面，避免楔紧块与滑块间产生摩擦。合模时，在接近合模终点时，楔紧块才接触滑块并最终压紧侧滑块，使斜导柱与滑块上的斜导孔壁脱离接触。

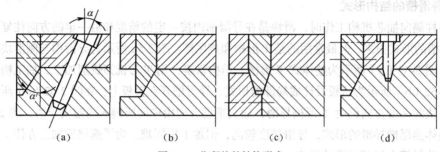

图 2-53　楔紧块的结构形式

6. 滑块定位装置

滑块与斜导柱分别工作在模具动、定模两侧的侧向抽芯机构，开模抽芯后，滑块必须停留在刚脱离斜导柱的位置上，以便合模时斜导柱准确插入滑块上的斜导孔中，因此，必须设计滑块的定位装置，以保证滑块在抽芯后，可靠地停留在正确的位置上。常用的滑块定位装置如图 2-54 所示。图 2-54（a）所示为常用的结构形式，特别适合于滑块向上抽芯的情况，滑块向上抽出脱离斜导柱后，依靠弹簧的弹力，使滑块紧贴于定位挡块的下方。图 2-54（b）所示为弹簧置于滑块内侧的结构，适合于侧向抽芯距离较短的场合；图 2-54（c）所示的形式适合于滑块向下运动的情况，抽芯结束后，滑块靠自重下落到定位挡块上定位，结构简单；图 2-54（d）所示为弹簧顶销机构，其结构简单，适合于水平方向侧抽芯的场合。

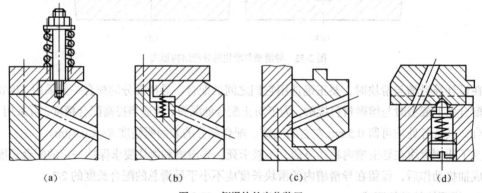

图 2-54　侧滑块的定位装置

2.10　排气系统

注塑模的排气是模具设计中不可忽视的一个问题，特别是快速注塑成型工艺的发展对注塑模排气的要求更加严格。

注塑模内积集的气体有以下 4 个来源：

① 进料系统和型腔中存有的空气；

② 塑料含有的水分在注射温度下蒸发而成的水蒸气；

③ 由于注射温度过高，塑料分解所产生的气体；

④ 塑料中某些配合剂挥发或化学反应所生成的气体（在热固性塑料件成型时，常常存在由于化学反应生成的气体）。

在排气不良的模具中，上述这些气体经受很大的压缩作用而产生反压力，这种反压力阻止熔融塑料的正常快速充模，而且，气体压缩所产生的热也可能使塑料烧焦。

2.10.1 排气系统的作用和方式

排气系统的作用是把型腔和型芯周围空间内的气体及熔料所产生的气体排到模具之外，以免造成气孔、组织疏松、空洞等缺陷。

塑料注射成型时的排气方式主要有以下几种。

1. 利用配合间隙排气

模具的分型面、推杆与模板之间及活动型芯与模板之间都有一定的配合间隙，一般间隙值在 0.03～0.05mm，利用模具零件之间的这种间隙，可以将型腔中的气体顺利排出。这种方法适用于简单型腔的小型模具。

2. 利用排气槽排气

对于大型模具可以在分型面上开设排气槽，加强型腔内部气体的排放。排气槽一般开设在分型面上凹模一边，位置位于塑料流动的末端，排气槽尺寸以气体能顺利地排出而物料不溢出为原则。一般排气槽宽度为 3～5mm，长度为 0.7～1.0mm，可增加到 0.8～1.5mm，深度小于 0.05mm。

3. 利用排气塞排气

如果型腔最后充填的部位不在分型面上，其附近又没有可以排气的推杆或活动型芯时，需要在型腔深处镶嵌排气塞，排气塞用烧结金属块制成。

2.10.2 排气系统的设置

模具积存的空气所产生的气泡，常分布在与浇口相对的部位上；分解气体产生的气泡，沿着塑件的厚度分布；水蒸气产生的气泡，则不规则地分布在整个塑件上。从塑件上气泡分布的状况，不仅可以判断气泡的性质，而且可以判断模具的排气部位的选择是否正确。

排气槽（或孔）位置和大小的选定，主要依靠经验。通常将排气槽（或孔）先开设在比较明显的部位，经过试模后再修改或增加，但基本的设计要点可归纳如下：

① 排气要保证迅速、完全，排气速度要与充模速度相适应；

② 排气槽（或孔）尽量设在塑件较厚的成型部位；

③ 排气槽应尽量设在分型面上，但排气槽溢料产生的毛边应不妨碍塑件脱模；

④ 排气槽应尽量设在料流的终点，如流道、冷料穴的尽端；

⑤ 为了模具制造和清模的方便，排气槽应尽量设在凹模的一面；

⑥ 排气槽排气方向不应朝向操作面，防止注射时漏料烫伤人；

⑦ 排气槽（或孔）不应有死角，防止积存冷料。

根据生产经验，常用塑料的排气槽深度的取值可参照表 2-16。

表 2-16　　　　　　　　　　　　常用塑料排气槽深度

塑 料 名 称	排气槽深度（mm）	塑 料 名 称	排气槽深度（mm）
PE	0.02	AS	0.03
PP	0.01～0.02	POM	0.01～0.02
PS	0.02	PA	0.01
ABS	0.03	PC	0.01～0.03
SAN	0.03	PETP	0.01～0.03

2.11 注射模典型结构

2.11.1 单分型面注射模

单分型面注射模是注射模中最简单、最常见的一种结构形式，也称二板式注射模。单分型面注射模只有一个分型面，其典型结构如图2-2所示。

1. 工作原理

合模时，在导柱8和导套9的导向和定位作用下，注射机的合模系统带动动模部分向前移动，使模具闭合，并提供足够的锁模力锁紧模具。在注射液压缸的作用下，塑料熔体通过注射机喷嘴经模具浇注系统进入型腔，待熔体充满型腔并经保压、补缩和冷却定型后开模，如图2-2（a）所示。开模时，注射机合模系统带动动模向后移动，模具从动模和定模分型面分开，塑件包在凸模7上随动模一起后移，同时拉料杆15将浇注系统主流道凝料从浇口套中拉出，开模行程结束，注射机液压顶杆21推动推板13，推出机构开始工作，推杆18和拉料杆15分别将塑件及浇注系统凝料从凸模7和冷料穴中推出，如图2-2（b）所示。至此完成一次注射过程。合模时，复位杆使推出机构复位，模具准备下一次注射。

单分型面注射模具根据结构需要，既可以设计成单型腔注射模，也可以设计成多型腔注射模，应用十分广泛。

2. 设计注意事项

（1）分流道位置的选择

分流道开设在分型面上，它可单独开设在动模一侧或定模一侧，也可以开设在动、定模分型面的两侧。

（2）塑件的留模方式

由于注射机的推出机构一般设置在动模一侧，为了便于塑件推出，塑件在分型后应尽量留在动模一侧。为此，一般将包紧力大的凸模或型芯设在动模一侧，包紧力小的凸模或型芯设置在定模一侧。

（3）拉料杆的设置

为了将主流道浇注系统凝料从模具浇口套中拉出，避免下一次成型时堵塞流道，动模一侧必须设有拉料杆。

（4）导柱的设置

单分型面注射模的合模导柱既可设置在动模一侧，也可设置在定模一侧，根据模具结构的具体情况而定，通常设置在型芯凸出分型面最长的那一侧。必须注意：标准模架的导柱一般都设置在动模一侧。

（5）推杆的复位

推杆有多种复位方法，常用的机构有复位杆复位和弹簧复位两种形式。

总之，单分型面的注射模是一种最基本的注射模结构，根据具体塑件的实际要求，单分型面的注射模也可增添其他的部件，如嵌件、螺纹型芯或活动型芯等，在这种基本形式的基础上，可演变出其他各种复杂的结构。

2.11.2　双分型面注射模

双分型面注射模具的结构特征是有两个分型面，常用于点浇口浇注系统的模具，也叫三板式（动模板、中间板、定模座板）注射模具，如图 2-55 所示。在定模部分增加一个分型面（A 分型面），分型的目的是为取出浇注系统凝料，便于下一次注射成型；B 分型面为主分型面，分型的目的是开模推出塑件。双分型面注射模具与单分型面注射模具比较，结构较复杂。

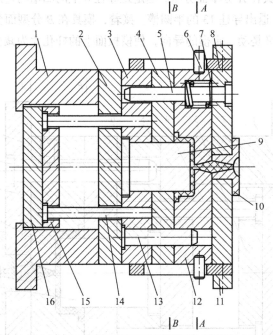

1—支架；2—支承板；3—型芯固定板；4—推件板；5、13—导柱；6—限位销；7—弹簧限位拉杆；8—定距拉板；
9—型芯；10—浇口套；11—定模座板；12—中间板；14—推杆；15—推杆固定板；16—推板

图 2-55　弹簧分型拉板定距双分型面注射模

1．工作原理

开模时，动模部分向后移动，由于弹簧限位拉杆 7 的作用，模具首先在 A 分型面分型，中间板 12 随动模一起后退，主流道凝料从浇口套 10 中随之拉出。当动模部分移动一定距离后，固定在中间板 12 上的限位销 6 与定距拉板 8 左端接触，使中间板停止移动，A 分型面分型结束。动模继续后移，B 分型面分型。因塑件包紧在型芯 9 上，这时浇注系统凝料在浇口处拉断，然后在 B 分型面之间自行脱落或由人工取出。动模部分继续后移，当注射机的顶杆接触推板 16 时，推出机构开始工作，推件板 4 在推杆 14 的推动下将塑件从型芯 9 上推出，塑件在 B 分型面自行落下。

2．设计注意事项

（1）浇口的形式

三板式点浇口注射模具的点浇口截面积较小，直径只有 0.5～1.5 mm。

（2）导柱的设置

三板式点浇口注射模具，在定模一侧一定要设置导柱，用于对中间板的导向和支承。加长该导柱的长度，也可以对动模部分进行导向，因此动模部分就可以不设置导柱。如果是推件板推出机构，动模部分也一定要设置导柱。

图 2-55 所示为弹簧分型拉板定距两次分型机构，适合于一些中小型的模具。在分型机构中，弹簧应至少 4 个，弹簧的两端应并紧且磨平，弹簧的高度应一致，并对称布置于分型面上模板的四周，以保证分型时中间板受到的弹力均匀，移动时不被卡死。定距拉板一般采用 2 块，对称布置于模具两侧。

图 2-56 所示为导柱定距双分型面注射模。开模时，由于弹簧 16 的作用使顶销 14 压紧在导柱 13 的半圆槽内，以便模具在 A 分型面分型，当定距导柱 8 上的凹槽与定距螺钉 7 相碰时，中间板停止移动，强迫顶销 14 退出导柱 13 的半圆槽。接着，模具在 B 分型面分型。这种定距导柱既是中间板的支承和导向，又是动、定模的导向，使模板面上的杆孔大为减少。

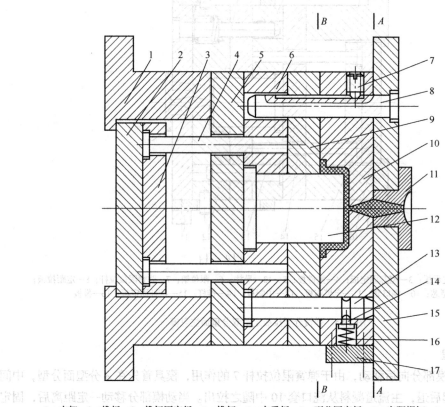

1—支架；2—推板；3—推杆固定板；4—推杆；5—支承板；6—型芯固定板；7—定距螺钉；8—定距导柱；
9—推件板；10—中间板（定模板）；11—浇口套；12—型芯；13—导柱；14—顶销；
15—定模座板；16—弹簧；17—压块

图 2-56 导柱定距双分型面注射模

2.11.3 斜导柱侧向分型与抽芯注射模

当塑件侧壁有孔、凹槽或凸起时，其成型零件必须制成可侧向移动的，否则塑件无法脱模。带动侧向成型零件进行侧向移动的整个机构称为侧向分型与抽芯机构。斜导柱侧向分型与抽芯注射模如图 2-57 所示，侧向抽芯机构由斜导柱 10、侧型芯滑块 11、楔紧块 9、挡块 5、滑块拉杆 8、弹簧 7、螺母 6 等零件组成。

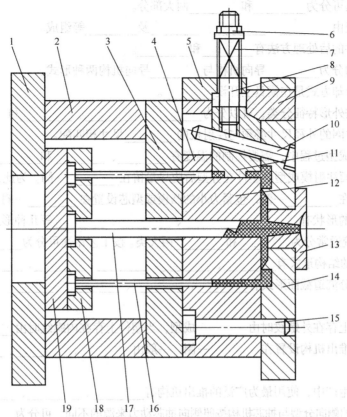

1—动模座板；2—垫块；3—支承板；4—动模板；5—挡块；6—螺母；7—弹簧；8—滑块拉杆；9—楔紧块；
10—斜导柱；11—侧型芯滑块；12—型芯；13—浇口套；14—定模座板；15—导柱；16—推杆；
17—拉料杆；18—推杆固定板；19—推板

图 2-57　斜导柱侧向分型与抽芯注射模

开模时，动模部分向后移动，开模力通过斜导柱带动侧型芯滑块，使其在动模板 4 的导滑槽内向外滑动，直至侧型芯滑块与塑件完全脱开，完成侧向抽芯动作。塑件包在型芯 12 上，随动模继续后移，直到注射机顶杆与模具推板 19 接触，推出机构开始工作，推杆 16 将塑件从型芯上推出。合模时，复位杆使推出机构复位，斜导柱使侧型芯滑块向内移动复位，最后侧型芯滑块由楔紧块 9 锁紧。

斜导柱侧向抽芯结束后，为了保证滑块不侧向移动，合模时斜导柱能顺利地插入滑块的斜导孔中使滑块复位，侧型芯滑块应有准确的定位。图 2-57 所示的定位装置由挡块 5、滑块拉杆 8、螺母 6、弹簧 7、垫片等组成。楔紧块的作用是防止注射时熔体压力使侧型芯滑块产生位移，楔紧块的斜面应与侧型芯滑块上斜面的斜度一致。

练习题

一、填空题

1．注射过程一般包括_____、_____、_____、_____和_____几个阶段。

2．注射模按塑料的性质分类，可分为_____塑料注射模具、_____塑料注射模具。

3. 注射模具可分为_____和_____两大部分。

4. 浇注系统由_____、_____、_____及_____等组成。

5. 塑料制件的后处理方法有_____和_____。

6. 导向机构分为_____导向机构与_____导向机构两种形式。

7. 模具的冷却方式是在模具上开设_____。

8. 注射机按外形特征分类，可以分为_____、_____、_____和_____等几种。

9. 模具定位圈的外径尺寸必须与注射机的_____尺寸相匹配。

10. 在注射成型过程中，需要控制的温度有_____、_____和_____3 种温度。

11. 单分型面注射模成型的塑件在分型后应尽量留在_____一侧。为此，一般将包紧力大的凸模或型芯设在_____一侧，包紧力小的凸模或型芯设置在_____一侧。

12. 分型面的形状有_____、_____、_____等几种形式。

13. 浇注系统通常分为_____和_____两大类。按工艺用途可分为_____和_____。

14. 冷料穴的结构形式有_____、_____、_____等几种形式。

15. 常用的分流道截面形式有_____、_____、_____、_____等几种形式。

16. 当塑件上存在外螺纹时由_____成型，当塑件上存在内螺纹时由_____成型。

17. 模具的推出机构设置在_____一侧，一般由_____、_____、_____三大元件组成。

18. 在注射生产中，使用最为广泛的推出机构有_____、_____、_____。

19. 注射模的侧向分型与抽芯机构按照侧向抽芯动力来源的不同，可分为_____、_____和_____三大类。

20. 塑料注射成型时的排气方式主要有_____、_____、_____。

二、不定项选择题

1. 注射成型工艺中最重要的工艺参数有（　　　）。
A. 注射量　　　B. 压力　　　C. 温度　　　D. 时间

2. XS—ZY—125 型号的注射机，XS 表示（　　）；Z 表示（　　）；Y 表示（　　）；125 表示（　　）。
A. 注射成型　　B. 螺杆式　　C. 塑料成型机械　　D. 公称注射量

3. 在注射成型过程中，（　　）影响塑料的流动和冷却定型。
A. 料筒温度　　B. 喷嘴温度　　C. 模具温度　　D. 室内温度

4. （　　）可以使熔料在压力下固化，并在收缩时进行补缩，从而获得完整的塑件。
A. 注射压力　　B. 塑化压力　　C. 固化压力　　D. 保压压力

5. （　　）是指塑件保压结束至开模以前所需的时间。
A. 模内冷却时间　　B. 保压时间　　C. 注射时间　　D. 合模时间

6. （　　）形成塑件的内表面形状，（　　）形成塑件的外表面形状，合模后凸模和凹模便构成了模具型腔。
A. 型芯　　　B. 顶杆　　　C. 凹模　　　D. 拉料杆

7. 塑件上的侧向如果有凹凸形状及孔或凸台，需要有（　　）来成型。
A. 镶块　　　B. 侧向的型芯　　　C. 推杆　　　D. 垫块

8. （　　）注射机的注射装置和合模装置的轴线呈一线并水平排列。

A. 立式　　　　　　B. 角式　　　　　　C. 卧式　　　　　　D. 多模

9. 模具型腔在模板上的排列方式通常有（　　）。

A. 圆形排列　　　　B. H 形排列　　　　C. 直线排列　　　　D. 复合排列

10. 双分型面注射模具在定模部分增加一个分型面（A 分型面），分型的目的是（　　）；B 分型面为主分型面，分型的目的是（　　）。

A. 排出气体　　　　B. 取出浇注系统凝料　C. 开设浇口　　　　D. 开模推出塑件

11. （　　）大多用于注射成型大、中型长流程深型腔筒形或壳形塑件。

A. 点浇口　　　　　B. 侧浇口　　　　　C. 直接浇口　　　　D. 环形浇口

12. （　　）适用于多型腔模具。

A. 侧浇口　　　　　B. 点浇口　　　　　C. 扇形浇口　　　　D. 直接浇口

13. （　　）常用于扁平而较薄的塑件，如盖板、标卡、托盘等。

A. 扇形浇口　　　　B. 点浇口　　　　　C. 轮辐式浇口　　　D. 直接浇口

14. （　　）主要用于成型薄壁长管形或圆筒形无底塑件。

A. 点浇口　　　　　B. 环形浇口　　　　C. 侧浇口　　　　　D. 潜伏浇口

15. （　　）在生产中比环形浇口应用广泛，多用于底部有大孔圆筒形或壳型塑件。

A. 潜伏浇口　　　　B. 扇形浇口　　　　C. 轮辐式浇口　　　D. 侧浇口

16. 为了提高熔接强度，可以在料流汇合之处的外侧或内侧设置（　　），将料流前端的冷料引入其中。

A. 浇口　　　　　　B. 溢流槽　　　　　C. 分流道　　　　　D. 排气槽

17. 推出机构的动作通常是由安装在注射机上的（　　）来完成的。

A. 锁模装置　　　　B. 成型杆　　　　　C. 顶杆　　　　　　D. 液压缸

18. 排气槽尽量设在（　　）。

A. 料流的终点　　B. 塑件较厚的成型部位　C. 凸模的一面　　D. 在分型面上

三、判断题

1. 实际生产中，在保证熔体能顺利充满型腔的前提下，采用尽可能低的模具温度，以加快冷却速度。　（　　）

2. 一般操作中，在保证塑件质量的前提下，塑化压力应越低越好。　（　　）

3. 喷嘴温度一般略高于料筒的最高温度。　（　　）

4. 对于壁厚大的制件，不宜采用较低的模具温度。　（　　）

5. 注射压力太高时，塑料的流动性下降，成型不足，产生熔接痕迹。　（　　）

6. 对形状复杂、尺寸较大、壁厚较薄的制件或精度要求较高的制件，应采用较高的注射压力。
　（　　）

7. 注射过程中如果保压前浇口已经冻结，则会出现倒流现象。　（　　）

8. 喷嘴温度太高，熔料在喷嘴处产生早凝现象。　（　　）

9. 注射时间中的充模时间与充模速度成反比。　（　　）

10. 保压时间过短，加大塑件的应力，产生变形、开裂，脱模困难。　（　　）

11. 分型面应选在塑件外形最小轮廓处。　（　　）

12. 分型面不能选在塑料制件的光滑表面和外观面。　（　　）

13. 选择分型面时最好把有同轴度要求的部分放置在模具的同一侧型腔内。 （ × ）

14. 浇口一般应取最大值，试模时逐步修正。 （ ）

15. 浇口应开设在塑件断面最薄处。 （ ）

16. 浇口位置的选择应使塑料的流程最长，料流变化方向最少。 （ ）

17. 浇口位置的选择应有利于型腔内气体的排出。 （ ）

18. 塑料熔体充填型腔时会造成两股或两股以上的熔体料流的汇合，汇合之处料流前端是气体，且温度最低，所以在塑件上就会形成熔接痕。 （ ）

19. 三板式模具注射为了将主流道浇注系统凝料从模具浇口套中拉出，避免下一次成型时堵塞流道，动模一侧必须设有拉料杆。 （ ）

20. 在成型大型深腔薄壁和高精度或偏心的塑件时，动定模之间应有较高的合模定位精度，应增设锥面定位机构。 （ ）

四、问答题

1. 简述塑料的注射成型过程。

2. 根据注射装置和合模装置的排列方式，注射机可以分成哪几类，各类的特点是什么？

3. 设计注射模时，应对哪些注射机的有关工艺参数进行校核？

4. 注射模按其各零部件所起的作用，一般由哪几部分结构组成？

5. 分型面选择的一般原则有哪些？

6. 塑料模的凹模结构形式有哪些？

7. 浇注系统的作用是什么？注射模浇注系统由哪些部分组成？

8. 分流道设计时应注意哪些问题？

9. 浇口位置选择的原则是什么？

10. 合模导向装置的作用是什么？

11. 为什么要设排气系统？常见的排气方式有哪些？

12. 斜导柱分型与抽芯机构的结构形式有哪些？各自有什么特点？应用在哪些场合？

13. 在实际生产中，如何确定斜导柱的直径？

14. 推出机构设计时应注意什么问题？

15. 常用的简单推出机构有哪些？分别用在什么场合？

16. 注射模典型结构有哪几种？设计时应考虑哪些问题？

第 **3** 章

挤出成型工艺与模具结构

挤出成型一般用于热塑性塑料的管材、棒材、板材、薄膜、线材等连续型材的生产，所得到的塑件均具有稳定的截面形状。挤出成型在热塑性塑料成型中是一种用途广泛、所占比例很大的成型方法。挤出成型塑件的截面形状均取决于挤出模具，所以，挤出模具设计的合理性，是保证良好的挤出成型工艺和挤出成型质量的决定因素。

3.1 挤出成型原理和工艺过程

3.1.1 挤出成型原理和特点

1. 挤出成型原理

下面以管材的挤出成型为例，介绍热塑性塑料的挤出成型原理。如图 3-1 所示，首先将粒状或粉状塑料加入料斗中（加料部分图中未画），在旋转的挤出机螺杆的作用下，加热的塑料通过沿螺杆的螺旋槽向前方输送。在此过程中，塑料不断接受料筒的外加热和螺杆与塑料之间、料筒与塑料之间的剪切摩擦热，逐渐熔融呈黏流态，然后在挤压系统的作用下，塑料熔体通过具有一定形状的挤出模具（机头）口模以及一系列辅助装置（定型、冷却、牵引、切割等装置），从而获得具有一定截面形状的塑料型材。

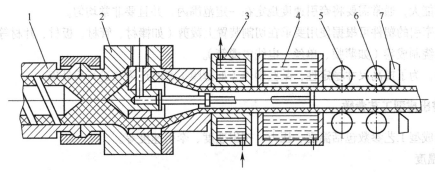

1—挤出机料筒；2—机头；3—定型装置；4—冷却装置；5—牵引装置；6—塑料管；7—切割装置

图 3-1 挤出成型原理

2. 挤出成型的特点

① 连续成型，生产量大，生产率高，成本低。

② 塑件截面恒定，形状简单。

③ 塑件内部组织均衡紧密，尺寸比较稳定准确。

④ 适用性强，除氟塑料以外，几乎能加工所有热塑性塑料和部分热固性塑料。

3.1.2 挤出成型工艺过程

热塑性塑料的挤出成型工艺过程可分为 4 个阶段。

1. 塑化阶段

经过干燥处理的塑料原料由挤出机料斗加入料筒后，在料筒温度和螺杆旋转、压实及混合作用下，由固态的粒状或粉状转变为具有一定流动性的均匀熔体，这一过程称为塑化。

2. 挤出成型阶段

均匀塑化的塑料熔体随螺杆的旋转向料筒前端移动，在螺杆的旋转挤压作用下，通过一定形状的口模而获得与口模形状一致的型材。

3. 定型冷却阶段

塑件离开机头口模后，首先通过定型装置和冷却装置，使其冷却变硬而定型。在大多数情况下，定型和冷却是同时进行的，只有在挤出各种管材和棒材时，才有一个独立的定型过程。挤出管材的定型方法一般有外径定型和内径定型，即在管坯内外形成一定压力差，使其紧贴在定径套上而冷却定型。挤出薄膜、单丝等不需要定型，只需要通过冷却便可。挤出板材或片材，有时还要通过一对压辊压平，兼有定型和冷却的作用。

冷却一般采用空气冷却或水冷却，冷却速度对塑件性能有很大影响。硬质塑件，如聚苯乙烯、低密度聚乙烯、硬聚氯乙烯等，不能冷却得过快，否则容易造成残余内应力，并影响塑件的外观质量；软质塑件或结晶型塑件则要求及时冷却，以免塑件变形。

4. 塑件的牵引、切割和卷取

塑件从口模挤出后，一般会因压力的解除而发生膨胀现象，而冷却后又会产生收缩现象，使塑件的形状和尺寸发生改变，如果不加以引导，就会造成塑件停滞，使塑件不能顺利挤出。因此，在冷却的同时，要连续均匀地将塑件引出，这就是牵引。牵引过程通常由牵引装置来完成。牵引速度一般应略大于挤出速度，以便消除塑件尺寸的变化，同时对塑件进行适当的拉伸可以提高质量。

不同的塑件牵引速度不同，通常对薄膜、单丝的牵引速度要大些，对于挤出硬制塑件，牵引速度则不能大，通常需要将牵引速度规定在一定范围内，并且要非常均匀。

通过牵引的塑件可根据使用要求在切割装置上裁剪（如棒材、管材、板材、片材等）或在卷取装置上绕制成卷（如薄膜、单丝、电线电缆等）。

此外，为了提高尺寸稳定性，某些塑件（如薄膜）有时还需要进行后处理。

3.1.3 挤出成型工艺参数

挤出成型工艺参数包括温度、压力、挤出速度、牵引速度等。

1. 温度

温度是挤出成型中的重要参数之一。塑料从加入料斗到最后成为塑件，经历了一个较复杂的温度变化过程。严格地说，挤出成型温度应该是指料筒中的塑料熔体温度，但是该温度在很大程度上取决于料筒和螺杆的温度，这是因为塑料熔体的热量除了一部分来自料筒中混合时产生的摩擦热以外，大部分是料筒外部加热器所提供的。所以，在实际生产中为了检测方便，经常用料筒温度近似表示成型温度。

料筒和塑料温度在螺杆各段是有差异的，为了保证塑料制件的质量，必须控制好料筒各段温度。机头的温度必须控制在塑料热分解温度以下，而口模处的温度可以比机头的温度稍低一些，但应保证塑料熔体具有良好的流动性。

此外，即使是在稳定的挤出过程中，温度随时间的不同也会产生波动，并且这种波动往往具有一定的周期性。

挤出过程中的温差和温度波动，都会影响塑件的质量，使塑件产生残余应力，各点强度不均匀，表面灰暗无光。

2. 压力

在挤出过程中，由于塑料流动的阻力，螺杆槽深度的变化，过滤板、过滤网和口模产生阻碍等原因，在塑料内部形成一定的压力，而这种压力是塑料经历物理状态变化而达到均匀密实的重要条件。增加机头压力可以提高挤出熔体的混合均匀性和稳定性，提高产品致密度，但机头压力如果过大，也会影响产品质量。和温度一样，压力随时间的变化也会产生周期性波动，对塑件质量有不利的影响，如局部疏松、表面不平、弯曲等。为了减小压力波动，应合理控制螺杆转速，保证加热和冷却装置的温控精度。

3. 挤出速度

挤出速度是指在单位时间内，从挤出机头的口模中挤出塑化好的物料量或塑件长度。它反映出挤出生产能力的高低。影响挤出速度的因素有很多，如料筒的结构、螺杆转速、加热冷却系统的结构、塑料的性能等。在挤出机结构和塑料品种及塑件类型确定的情况下，挤出速度与螺杆转速有关，因此调整螺杆转速是控制挤出速度的主要措施。

挤出速度在生产过程中也存在波动现象，这会影响塑件的几何形状和尺寸精度。为了保证挤出速度均匀，应正确确定与塑件相适应的螺杆结构和尺寸，严格控制螺杆的转速，严格控制挤出温度。

4. 牵引速度

从机头和口模中挤出的成型塑件，在牵引力作用下将会发生拉伸取向，拉伸取向程度越高，塑件沿取向方位上的拉伸强度也越大，但冷却后长度收缩也大。通常，牵引速度可与挤出速度相当，两者的比值称为牵引比，一般应略大于 1。

表 3-1 列出了几种塑料管材的挤出成型工艺参数。

表 3-1　　　　　　　　　　　几种塑料管材的挤出成型工艺参数

塑料管材 工艺参数		硬聚氯乙烯 （HPVC）	软聚氯乙烯 （SPVC）	低密度聚乙烯 （LDPE）	ABS	聚酰胺-1010 （PA-1010）	聚碳酸酯 （PC）
管材外径（mm）		95	31	24	32.5	31.3	32.8
管材内径（mm）		85	25	19	25.5	25	25.5
管材壁厚（mm）		5±1	3	2±1	3±1	—	—
料筒温度 （℃）	后段	80～100	90～100	90～100	160～165	250～260	200～240
	中段	140～150	120～130	110～120	170～175	260～270	240～250
	前段	160～170	130～140	120～130	175～180	260～280	230～255
机头温度（℃）		160～170	150～160	130～135	175～180	220～240	200～220
口模温度（℃）		160～180	170～180	130～140	190～195	200～210	200～210
螺杆转速（r/min）		12	20	16	10.5	15	10.5
口模内径（mm）		90.7	32	24.5	33	44.8	33

续表

塑料管材 / 工艺参数	硬聚氯乙烯（HPVC）	软聚氯乙烯（SPVC）	低密度聚乙烯（LDPE）	ABS	聚酰胺-1010（PA-1010）	聚碳酸酯（PC）
芯模外径（mm）	79.9	25	19.1	26	38.5	26
定径套长度（mm）	300	—	160	250	—	250
牵引比	1.04	1.2	1.1	1.02	1.5	0.97
真空定径套内径（mm）	96.5	—	25	33	31.7	33
定径套与口模间距（mm）	—	—	—	25	20	20
稳流定型段长度（mm）	120	60	60	50	45	87

注：稳流定型段长度由口模和芯模的平直部分构成。

3.2 挤出成型模具概述

3.2.1 挤出成型模具的结构组成

挤出成型模具主要由两部分组成：机头和定径装置（又称为定径套）。

1. 机头

机头是挤出塑料制件成型的主要部件，它的作用是将来自挤出机的熔融塑料由螺旋运动转变为直线运动，并进一步塑化，产生必要的成型压力，保证塑件密实，从而获得截面与口模形状相似的型材。下面以典型的管材挤出成型机头为例，介绍机头的结构组成，如图 3-2 所示。

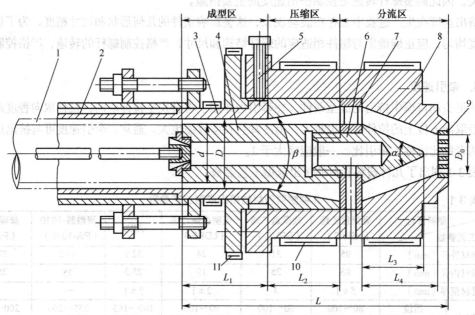

1—管材；2—定径套；3—口模；4—芯棒；5—调节螺钉；6—分流器；7—分流器支架；
8—机头体；9—过滤板；10、11—电加热圈（加热器）

图 3-2 管材挤出成型机头

机头主要由以下几个部分组成。

（1）口模和芯棒

口模的作用是成型塑件的外表面，芯棒的作用是成型塑件的内表面，口模和芯棒的定型部分决定了塑件的截面形状。

（2）过滤板和过滤网

过滤板又称为多孔板，和过滤网共同将塑料熔体由螺旋运动转变为直线运动，并能过滤杂质。过滤板同时还起支承过滤网的作用，并且增加了塑料流动阻力，使塑件更加密实。

（3）分流器和分流器支架

分流器又称为鱼雷头，塑料熔体通过分流器能够分流变成薄环状而平稳地进入成型区，便于进一步加热和塑化。分流器支架主要用来支承分流器和芯棒，同时也能对分流后的塑料熔体起加强剪切混合作用，但有时也会产生熔接痕而影响塑件强度。小型机头的分流器和分流器支架可以设计成一个整体。

（4）机头体

机头体相当于模架，与挤出机料筒连接，用来组装并支承机头的各零部件。机头体与挤出机料筒的连接处应密封以防止塑料熔体泄露。

（5）温度调节系统

为了保证塑料熔体在机头中正常流动及挤出成型质量，机头上一般设有可以加热的温度调节系统，如图 3-2 中的 10、11 电加热圈。

（6）调节螺钉

调节螺钉是用来调节控制成型区内口模与芯棒间的环隙及同轴度，以保证挤出塑件壁厚均匀。调节螺钉的数量通常为 4～8 个。

2. 定径装置（定径套）

离开成型区后的塑料熔体虽然已经具有给定的截面形状，但是因为制件温度较高不能抵抗自重而变形，因此需要使用定径套对制件进行冷却定型，使其获得良好的表面质量、准确的尺寸和几何形状。

3.2.2 挤出成型模具分类

由于挤出成型的塑件截面形式多种多样，因此要有相应的机头满足塑件的要求，在生产中需要设计不同的机头，所以挤出成型模具的分类就是机头的分类，一般有以下几种分类方法。

1. 按塑料制件的形状分类

挤出成型的塑件主要有管材、棒材、板材、片材、网材、单丝、粒料、各种异型材、吹塑薄膜、带有塑料包覆层的电线电缆等，所用的机头相应称为管机头、棒机头等。

2. 按塑料制件的出口方向分类

可以分为直通机头和角式机头。直通机头的特点是塑料熔体在机头内的挤出流向与挤出机螺杆的轴线平行。角式机头的特点是塑料熔体在机头内的挤出流向与挤出机螺杆的轴线呈一定角度。当熔体的挤出流向与螺杆轴线垂直时，称为直角机头。

3. 按塑料熔体所受的压力分类

塑料熔体在机头内所受的压力小于 4MPa 时，该机头称为低压机头。塑料熔体在机头内所受的压力大于 10MPa 时，该机头称为高压机头。

3.2.3 挤出成型设备

挤出成型的设备是挤出机，每副挤出成型模具都只能安装在与其相适应的挤出机上。挤出成型模具的机头结构应该与挤出机相适应。

1. 挤出机的组成

挤出机主要由主机和辅机两大部分组成。

（1）主机

主机包括挤压系统、传动系统、加热系统。

a. 挤压系统：主要由料筒和螺杆组成，塑料通过挤压系统而塑化成为均匀的塑料熔体，并在特定压力下，被螺杆连续地定压、定量、定温地挤出机头。

b. 传动系统：作用是提供给螺杆所需要的扭矩和转速。

c. 加热系统：对料筒和螺杆进行加热，保证成型过程在要求的温度范围内完成。

（2）辅机

辅机包括机头、定径装置、冷却装置、牵引装置、切割装置和卷取装置。

a. 机头：熔融塑料通过机头获得一定的几何截面和尺寸。

b. 定径装置：将从机头挤出的塑件以特定的形状稳定下来，并进行调整。

c. 冷却装置：从挤出成型模具出来的塑件在此充分冷却，获得最终的形状和尺寸。

d. 牵引装置：连续均匀地牵引塑件，并对塑件的截面尺寸进行控制，使挤出过程稳定地进行。

e. 切割装置：将连续挤出的塑件切割成一定的长度和宽度。

f. 卷取装置：将软塑件（薄膜、软管、单丝等）卷绕成卷。

2. 挤出机的种类

挤出机的类型很多，有不同的分类方法。

a. 按照螺杆的数目进行分类：可以分为单螺杆挤出机和多螺杆挤出机。

b. 按照挤出机可否排气进行分类：可以分为排气式挤出机和非排气式挤出机。

c. 按照螺杆在空间的位置进行分类：可以分为卧式挤出机和立式挤出机。

最常用的挤出机是卧式单螺杆非排气式挤出机。常用的国产单螺杆挤出机的技术参数如表3-2所示。

表 3-2　　　　　　　　　　　常用国产单螺杆挤出机的技术参数

序　号	螺杆直径（mm）	长径比 L/D	产量（kg/h） HPVC	产量（kg/h） SPVC	电动机功率（kW）	加热功率（机身）(kW)	中心高（mm）
1	30	15 20 25	2～6	2～6	3 / 1	3 4 5	1000
2	45	15 20 25	7～18	7～18	5 / 1.67	5 6 7	1000
3	65	15 20 25	15～33	16～50	15 / 5	10 12 16	1000
4	90	15 20 25	35～70	40～100	22 /7.3	18 24 30	1000
5	120	15 20 25	56～112	70～160	55 /18.3	30 40 45	1100
6	150	15 20 25	95～190	120～280	75 /25	45 60 72	1100
7	200	15 20 25	160～320	200～480	100 /33.3	75 100 125	1100

3. 机头与挤出机的连接

常用国产挤出机与机头的连接形式如图 3-3、图 3-4 所示。

在图 3-3 中，机头以螺纹连接在机头法兰上，机头法兰以 4～6 个铰链螺钉与机筒法兰连接固定。安装时先松动铰链螺钉，打开机头法兰，清理干净，将过滤板装入机筒部分（或装在机头上），再将机头安装在机头法兰上，最后闭合机头法兰，紧固铰链螺钉即可。机头与挤出机的同心度是靠机头的内径和过滤板的外径配合保证的。安装时过滤板的端部必须压紧，以防止漏料。

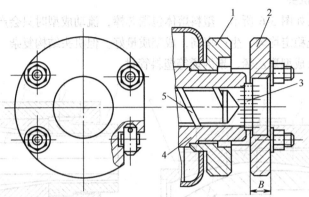

1—挤出机法兰；2—机头法兰；3—过滤板；4—机筒；5—螺杆
图 3-3 挤出机与机头的连接形式之一

图 3-4 所示为挤出机与机头的又一种连接形式。机头以 8 个内六角螺钉与机头法兰连接固定，机头法兰与机筒法兰由定位销定位，机头外圆与机头法兰内孔配合，保证机头与挤出机的同心度。

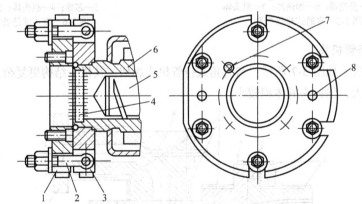

1—机头法兰；2—铰链螺钉；3—挤出机法兰；4—过滤板；5—螺杆；6—机筒；7—螺钉；8—定位销
图 3-4 挤出机与机头的连接形式之二

3.3 管材挤出成型模具

管材挤出成型机头是挤出机头的主要类型之一，应用范围较广，主要用于成型聚乙烯、聚丙烯、聚碳酸脂、尼龙、软/硬聚氯乙烯等塑料的圆形管件。管材机头适用的挤出螺杆长径比（螺杆长度与直径之比）为 15～25，螺杆转速为 10～35r/min。

3.3.1 管材挤出机头的结构类型

管材挤出机头常用的结构有直通式、直角式和旁侧式，另外还有一种微孔流道挤管机头。

1. 直通式挤管机头

直通式挤管机头如图 3-5 所示。直通式挤管机头结构比较简单，容易制造，但塑料熔体经过分流器和分流器支架时形成的熔接痕不容易消除。另外，机头的长度较大，整体笨重。直通式挤管机头主要用于挤出成型聚乙烯、聚碳酸酯、尼龙、软/硬聚氯乙烯等塑料管材。

2. 直角式挤管机头

直角式挤管机头如图 3-6 所示。塑料熔体包围芯棒，流动成型时只会产生一条分流痕迹，熔体流动阻力小，料流稳定均匀，生产率高，成型质量好。但机头结构复杂，制造困难。直角式挤管机头主要用于挤出成型聚乙烯、聚丙烯等塑料管材。

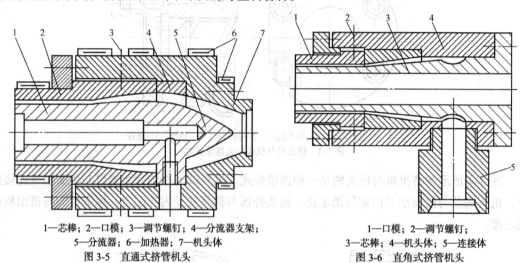

1—芯棒；2—口模；3—调节螺钉；4—分流器支架；
5—分流器；6—加热器；7—机头体
图 3-5 直通式挤管机头

1—口模；2—调节螺钉；
3—芯棒；4—机头体；5—连接体
图 3-6 直角式挤管机头

3. 旁侧式挤管机头

旁侧式挤管机头如图 3-7 所示，与直角式挤管机头相似，其机头结构更复杂，制造更困难，熔体流动阻力较大，但机头的体积较小。

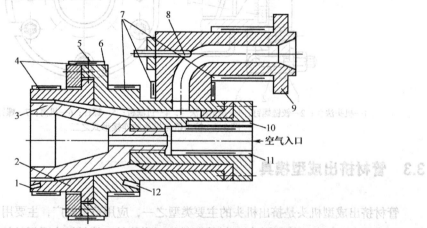

空气入口

1、12—温度计插孔；2—口模；3—芯棒；4、7—电热器；5—调节螺钉；
6—机头体；8、10—熔料测温孔；9—连接体；10—芯棒加热器
图 3-7 旁侧式挤管机头

4. 微孔流道挤管机头

微孔流道挤管机头如图 3-8 所示。机头内无芯棒，塑料熔体的流动方向与挤出机螺杆的轴线方向一致，塑料熔体通过微孔管上的微孔进入口模而成型。挤出成型的管材没有分流痕迹，强度较高，特别适合于成型直径大、流动性差的聚烯烃类塑料管材。机头体积小，结构紧凑，但由于管材直径大，管壁厚，容易发生偏心，所以必须考虑到因管材自重而引起的壁厚不均匀，一般应调整口模偏心，口模与芯棒的间隙下面比上面要小 10%～18%。

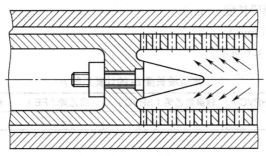

图 3-8　微孔流道挤管机头

3.3.2　管材挤出机头主要零件的结构尺寸和工艺参数

1. 口模

口模是用于成型管材外表面的零件，结构形状如图 3-2 中的件 3 所示。口模的主要尺寸为口模内径和定型段长度。

（1）口模的内径

管材外径由口模内径决定。但是管材离开口模后，由于压力突然降低，体积膨胀，会使管径增大；由于冷却和牵引，又会使管径变小。所以口模的内径尺寸一般根据经验公式确定，并通过调节螺钉（见图 3-2 中的件 5），调节口模与芯棒之间的环隙，使其达到合理值。

$$D = kd_s \qquad (3-1)$$

式中　D——口模的内径（mm）；

　　　d_s——管材的外径（mm）；

　　　k——补偿系数，如表 3-3 所示。

表 3-3　　　　　　　　　　　　　　补偿系数 k 值

塑 料 品 种	内 径 定 径	外 径 定 径
聚氯乙烯（PVC）	—	0.95～1.05
聚酰胺（PA）	1.05～1.10	—
聚乙烯（PE）、聚丙烯（PP）	1.20～1.30	0.90～1.05

（2）定型段长度

口模的平直部分与芯棒的平直部分组成了管材的成型部分，称为定型段，如图 3-2 中的 L_1。塑料熔体通过定型部分时，料流阻力增加，使塑件密实，同时也使料流稳定均匀，消除分流痕迹和残余的螺旋运动，所以定型段的长度对于管材挤出成型质量非常重要。定型段长度过长，料流阻力增加过大；过短时，则起不到定型作用。一般在实践中口模的定型段长度也是根据经验公式确定的。

a. 依据管材外径计算

$$L_1 = (0.5 \sim 3) \, d_s \qquad (3-2)$$

式中　L_1——口模的定型段长度（mm）；

d_s——管材的外径（mm）。

b. 依据管材壁厚计算

$$L_1 = nt \qquad (3-3)$$

式中　L_1——口模的定型段长度（mm）；

t——管材的壁厚（mm）。

n——系数，如表3-4所示。

表3-4　　　　　　　　　　　定型段长度 L_1 的计算系数 n

塑料品种	硬聚氯乙烯（HPVC）	软聚氯乙烯（SPVC）	聚乙烯（PE）	聚丙烯（PP）	聚酰胺（PA）
系数 n	18～33	15～25	14～22	14～22	13～23

2. 芯棒

芯棒是用于成型管材内表面的零件，结构形状如图3-2中的件4所示。芯棒通过螺纹与分流器相连，其中心孔用来通入压缩空气，使管材产生内压，实现外径定径。芯棒的结构应利于塑料流动和消除接合线，并容易制造。芯棒的主要尺寸为芯棒外径、压缩段长度和压缩角。

（1）芯棒外径

芯棒外径是指定型段直径，它决定管材的内径。与口模的内径相似，由于离模膨胀和冷却收缩效应，芯棒的外径尺寸不等于管材的内径尺寸，根据生产经验，可按下式确定

$$d = D - 2\delta \qquad (3-4)$$

式中　d——芯棒的外径（mm）；

D——口模的内径（mm）；

δ——口模与芯棒的单边间隙，通常取（0.83～0.94）×管材壁厚 t（mm）。

（2）压缩段长度

芯棒的长度由定型段和压缩段 L_2 两部分组成，芯棒定型段与口模的定型段 L_1 相等或稍长一些。压缩段 L_2 与口模中相应的锥面部分构成塑料熔体的压缩区，使进入定型区之前的分流痕迹被熔合消除。L_2 的长度可按下面经验公式确定

$$L_2 = (1.5 \sim 2.5) \, D_0 \qquad (3-5)$$

式中　L_2——芯棒的压缩段长度（mm）；

D_0——过滤板出口处的直径（mm）。

（3）压缩角

压缩区的锥角 β 称为压缩角，一般在 30°～60° 的范围内选取。对于低黏度的塑料，β 取 45°～60°，对于高黏度的塑料，β 取 30°～50°。

3. 分流器与分流器支架

分流器与分流器支架的整体式结构如图3-9所示。

图3-9 中 α 为扩张角，其大小与塑料黏度有关，通常取 30°～90°。扩张角 α 过大，料流的流动阻力大，熔体易过热分解；α 过小，不利于机头对塑料的加热，机头体积也会增大。分流器的扩张角 α 应大于芯棒压缩段的压缩角 β。

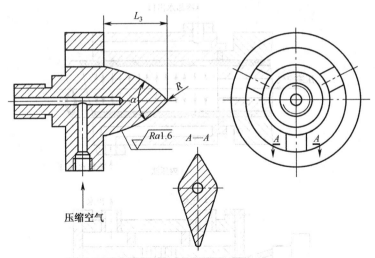

图 3-9　分流器与分流器支架的整体式结构

分流器上的分流锥面长度 L_3 一般按下式确定

$$L_3 = (1 \sim 1.5) D_0 \qquad (3\text{-}6)$$

式中　D_0——过滤板出口处的直径（mm）。

分流器头部圆角 $R=0.5 \sim 2$mm，R 不能过大，否则熔体容易在此处发生滞留。分流器表面粗糙度 Ra 值应小于 0.40μm。安装分流器时，应保证与机头体同轴度误差在 0.02mm 之内，并与过滤板之间留有一定长度的空腔。空腔长度通常取 10～20mm 或稍小于 $0.1D_1$（D_1 为螺杆直径）。空腔长度过小时，料流出管不匀，过大时，塑料停留时间长，易分解。

分流器支架主要用于支承分流器与芯棒，并起到搅拌物料的作用，中小型机头可以将芯棒与分流器支架做成整体式的，大型机头则做成组合式的。

为了消除塑料通过分流器支架后形成的接合线，分流器支架上的分流肋做成流线型，在满足强度要求的条件下，其宽度和长度应尽可能小。分流肋的数量也应尽量少，一般为 3～8 根。

3.3.3　管材定径套的结构类型及尺寸

塑件被挤出口模时，温度仍较高，没有足够的强度和刚度来抵抗自重变形，同时受离模膨胀和长度收缩效应的影响而变形，所以必须采取一定的定径和冷却措施，以保证管材准确的形状尺寸及良好的表面质量，这一过程通常采用定径套来完成。管材的定径方法通常有外径定型法和内径定型法两种，我国在塑料管材标准中大多采用外径为基本尺寸，所以常用外径定型法。

1. 外径定型法

外径定型有两种定径方法，如图 3-10 所示。

（1）内压法

内压法如图 3-10（a）所示。工作时在管子内部通入压缩空气（压力为 0.02～0.28MPa），为了保持管内压力，可以用堵塞密封防止漏气。采用这种方法定径效果好，适用于直径较大的管材。

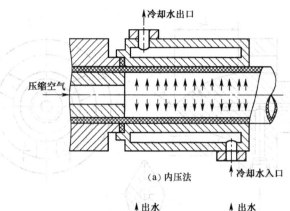

（a）内压法

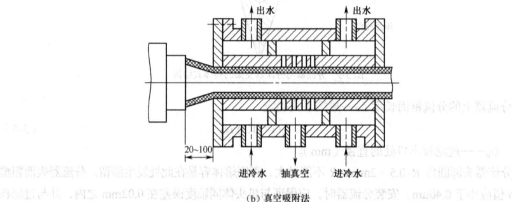

（b）真空吸附法

图 3-10　外径定型原理图

定径套的内径和长度一般根据经验确定，如表 3-5 所示。

表 3-5　　　　　　　　　　　内压定径套尺寸

塑　料	定径套内径	定径套长度
聚烯烃	$(1.02\sim1.04)d_s$	$\approx 10d_s$
聚氯乙烯（PVC）	$(1.00\sim1.02)d_s$	$\approx 10d_s$

注：d_s 为管材外径（mm），应用此表时 d_s 应小于 35mm。

当管材直径大于 35mm 时，定径套长度应小于 10 倍的管材外径，定径套内径应放大 0.8%～1.2%；当管材直径大于 100mm 时，定径套长度还应再短一些，通常取 3～5 倍的管材外径。定径套内径尺寸不得小于口模内径。

（2）真空吸附法

真空吸附法如图 3-10（b）所示。在定径套内壁上打很多小孔（孔径为 0.6～1.2mm）抽真空用。工作时将管坯与定径套之间抽成真空（真空度为 53.3～66.7kPa）。真空定径套与机头口模不能连接在一起，应留有 20～100mm 的间距。采用这种方法定径，管材表面粗糙度好，尺寸精度高，壁厚均匀性好，塑件的内应力小。

真空定径套的内径尺寸如表 3-6 所示。

表 3-6　　　　　　　　　　　真空定径套内径尺寸

材　料	定径套内径	材　料	定径套内径
硬聚氯乙烯（HPVC）	$(0.993\sim0.99)d_s$	聚乙烯（PE）	$(0.98\sim0.96)d_s$

注：d_s 为管材外径（mm）。

真空定径套的长度一般应大于其他类型定径套的长度，例如，当管材直径大于 100mm 时，定径套长度通常取 4～6 倍的管材外径。这样主要是为了控制离模膨胀和冷却收缩对管材的影响。

2. 内径定型法

内径定型法一般在直角式机头中使用，如图 3-11 所示。

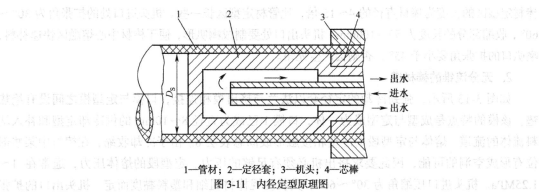

1—管材；2—定径套；3—机头；4—芯棒
图 3-11 内径定型原理图

通过定径套内循环水冷却定型挤出的管材，这种方法操作简单，并且能够保证管材内孔的圆度，内径尺寸准确，多用于聚乙烯、聚丙烯、聚酰胺等塑料的挤出成型，尤其适用于内径公差要求比较严格的聚乙烯和聚丙烯管材。

定径套沿其长度方向应带有一定的锥度，可在 0.6:100～1.0:100 范围内选取。定径套外径一般取大于管材内径的 2%～4%。定径套长度与管材壁厚和牵引速度有关，一般取 80～300mm，管材壁厚较大或牵引速度较大时取大值，反之则取小值。

3.4 棒材挤出成型机头

棒材是指截面为圆形的实心塑料型材，塑料棒材的原材料一般是工程塑料，如尼龙、聚甲醛、聚碳酸脂、ABS、聚砜、玻璃纤维增强塑料等。棒材机头的螺杆长径比为 25～120，除了生产玻璃纤维增强塑料外，可以设置 50～80 目的过滤网。

3.4.1 棒材挤出成型机头的典型结构

棒材挤出成型机头的典型结构如图 3-12 所示。棒材挤出成型机头的结构较简单，与管材挤出机头基本相似，区别是棒材挤出成型机头中没有芯棒，只有分流器。使用分流器可以减少模腔内部的容积及增加塑料的受热面积。如果模腔内为无滞料区的流线型，也可以不设分流器装置。

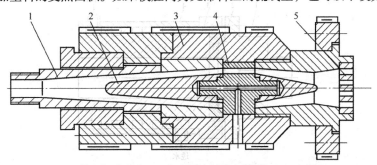

1—口模；2—分流器；3—机头体；4—分流器支架；5—过滤板
图 3-12 棒材挤出成型机头

3.4.2 棒材挤出成型机头的结构类型

1. 有分流锥的棒材模

如图 3-12 所示，机头内的流道有阻流阀的作用，以增加机头内的压力，流道不得有停滞区。棒材定型区的长度为棒材直径的 4～15 倍，比管材定型区长一些。机头进口处的扩张角为 30°～60°，收缩部分的长度为 50～100mm。机头出口处要制成喇叭形，便于棒材中心熔融区快速补料，喇叭口的扩张角要小于 45°，否则会产生死角。

2. 无分流锥的棒材模

如图 3-13 所示，强劲冷却的定径套以法兰与挤出模相连接，口模与定型模之间设有绝热垫。该模的特点是成型与定型成为一体，口模 1 已成为直径 8～10mm 的供冷却定型和补入塑料流体的流道。熔体与定型段的冷壁相接触形成固态表层 8。由于冷却收缩，在棒材中某些部位有形成空洞的可能，因此要求挤出机必须有足够的压力。定型段的熔体压力，通常在 1～1.25MPa。机头进口压缩角为 30°～60°，其长度视棒材粗细和塑料黏度而定。机头出口的扩张角通常小于 45°，主要是为了便于补料。

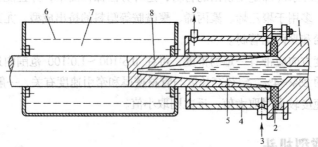

1—口模；2—绝热垫；3—入水口；4—成型区；5—塑料熔体；6—水位；7—水槽；8—固态表层；9—出水口

图 3-13　无分流锥的棒材模

3.4.3 棒材定径套的结构

棒材的定径装置结构比较简单，与管材的定径装置相似，如图 3-14 所示。定径套的作用是使塑件不会因为自重而产生变形，保证一定的表面质量。为了减少棒材通过定径套时的流动阻力，定径套内孔应具有一定的锥度，锥度为 1:35。

定径套的材料一般用青铜制造，传热效果好。定径套的内径要略大于棒材直径。当棒材直径小于 50mm 时，定径套长度为 200～350mm；当棒材直径大于 50mm 时，定径套长度为 300～500mm。

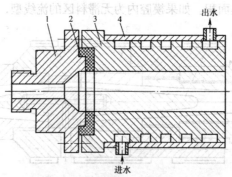

1—机头体；2—绝热垫圈；3—定径套；4—冷却套

图 3-14　棒材的定径装置结构

3.5 板材、片材挤出成型机头

生产板材和片材的原料应用较多的有软/硬聚氯乙烯、聚乙烯、聚丙烯、ABS 等塑料。片材的尺寸厚度范围是 0.25～1mm，板材的尺寸厚度在 1mm 以上，最厚达 20mm。用挤出成型法生产板材和片材，优点是设备简单，生产过程连续，成本低，缺点是制品表面粗糙，厚度不均匀。

板材和片材的挤出成型机头的进料口为圆形，内部逐渐过渡为狭缝形，最后形成宽而薄的出料口。塑料熔体在挤出成型过程中，随着流道的变化，沿宽度方向均匀分布，而且要求流速相等，这样才能挤出厚度均匀、表面平整的板材和片材。

板材和片材的挤出成型机头有鱼尾式机头、支管式机头、螺杆式机头和衣架式机头等 4 种类型，本节只介绍前 3 种类型的结构。

3.5.1 鱼尾式机头

鱼尾式机头的模腔与鱼尾形状相似，如图 3-15 所示。塑料熔体从机头中部进入模腔，向两侧分流。由于熔体在进口处的压力和流速比机头两侧大，而两侧比中部散热快，因此中部出料多，两侧出料少，造成塑件厚度不均匀。为了克服此缺陷，通常在机头模腔内设置阻流器，如图 3-15 所示；还可以同时设置阻流棒，如图 3-16 所示。目的都是为了调整料流阻力大小。

鱼尾式机头结构简单，容易制造，可用于多种塑料的挤出成型，但不适于宽幅板材和片材，一般幅宽小于 500mm，板厚不大于 3mm。鱼尾的扩张角不能太大，通常取 80° 左右。

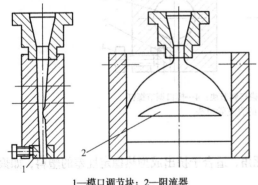

1—模口调节块；2—阻流器
图 3-15　带有阻流器的鱼尾式机头

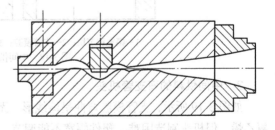

图 3-16　带有阻流器和阻流棒的鱼尾式机头

3.5.2 支管式机头

支管式机头的模腔为管状，有一个纵向切口与口模区相连通，管状模腔与口模平行，可以储存一定量的物料，同时使进入模腔的料流稳定并均匀地挤出宽幅塑件。

支管式机头体积小，重量轻，模腔结构简单，加工容易，塑件幅宽可调，可以挤出幅宽较大的板材和片材，应用较广泛。

支管式机头按照结构不同又可以分为 4 种形式。

1. 一端供料的直支管机头

如图 3-17 所示，塑料熔体从支管的一端进料，而支管的另一端被封死。支管模腔与挤出料流方向一致，塑件的宽度可以由幅宽调节块 1 进行调节，但塑料熔体在支管内停留时间较长，容易分解变色，并且温度难以控制。

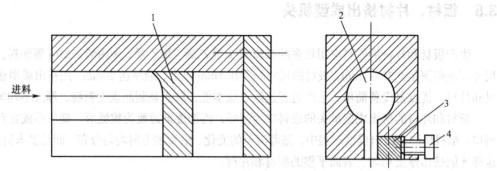

1—幅宽调节块；2—支管模腔；3—模口调节块；4—模口调节螺钉

图 3-17　一端供料的直支管机头

2. 中间供料的直支管机头

如图 3-18 所示，塑料熔体从支管中部进入，分流后充满支管模腔，再从支管模腔的缝隙中挤出。支管模腔与挤出料流方向垂直，幅宽调节块 1 调节塑件的宽度。塑料熔体在支管模腔内的流程较短，温度较容易调节，板材和片材在宽度方向上具有对称性。这种机头应用比较普遍。

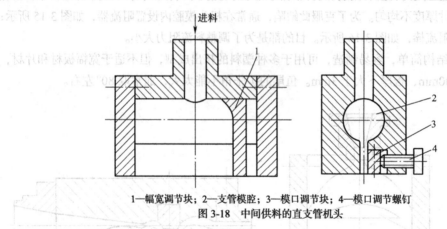

1—幅宽调节块；2—支管模腔；3—模口调节块；4—模口调节螺钉

图 3-18　中间供料的直支管机头

3. 中间供料的弯支管机头

如图 3-19 所示，支管模腔弯曲呈流线形，无死角，适合于挤出成型热稳定性差的塑料，如聚氯乙烯。但机头制造困难，塑件幅宽不能调节。

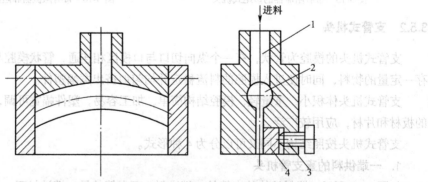

1—进料口；2—弯支管模腔；3—模口调节螺钉；4—模口调节块

图 3-19　中间供料的弯支管机头

4. 带有阻流棒的双支管机头

如图 3-20 所示，带有阻流棒的双支管机头主要用于加工黏度高的宽幅塑件，可使宽幅板材和片材的厚度均匀性提高 10%，成型幅宽可达 1 000～2 000mm。阻流棒的作用是调节流量，限制模腔中部塑料熔体的流速。这种机头的缺点是塑料熔体在支管模腔停留时间较长，容易过热分解。

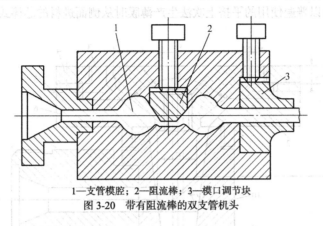

1—支管模腔；2—阻流棒；3—模口调节块

图 3-20 带有阻流棒的双支管机头

3.5.3 螺杆式机头

图 3-21 所示为一端供料的螺杆式机头，在直支管模腔内加设一根可单独驱动的螺杆。螺杆旋转可以进一步塑化塑料熔体并均匀地进行宽度分配，温度控制也较容易。螺杆为多头螺纹，所以挤出量大，可以减少物料在机头内的停留时间，适用于加工流动性和热稳定性差的塑料。由于螺杆的转动，挤出塑件容易出现波浪形料流痕迹。螺杆式机头挤出成型塑件厚度可达 20mm，幅宽达 2 000～4 000mm。螺杆式机头结构复杂，制造成本较高。

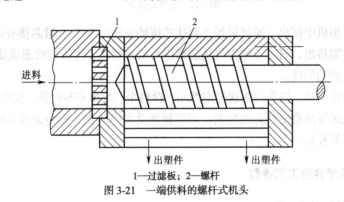

1—过滤板；2—螺杆

图 3-21 一端供料的螺杆式机头

3.6 吹塑薄膜挤出成型机头

薄膜是目前广泛使用的塑料挤出产品，薄膜的厚度一般为 0.01～0.25mm。薄膜的常用生产方法是吹塑成型，就是由挤出机机头挤出塑料管坯，同时从机头中心通入压缩空气，将管坯吹成所需直径的薄膜。吹塑法可以加工软/硬聚氯乙烯、聚乙烯、聚丙烯、聚苯乙烯、聚酰胺等塑料薄膜。根据出料方向不同，吹塑薄膜成型可以分为平挤上吹法、平挤下吹法和平挤平吹法 3 种，其中前 2 种方法使用直角机头，后 1 种方法使用水平机头。吹塑机头选用的挤出机螺杆长径比大于 20，应有过滤板和过滤网。

吹塑机头的类型主要分为芯棒式机头、中心进料的十字机头、螺旋式机头、旋转式机头等。本节主要介绍芯棒式机头。

3.6.1 芯棒式机头的结构

图 3-22 所示为以普遍使用的平挤上吹法生产薄膜时从侧面进料的芯棒式机头。

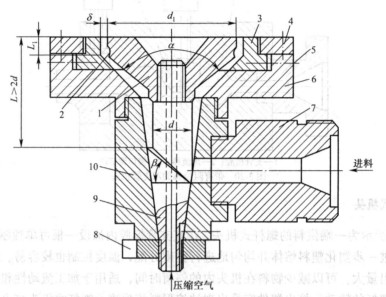

1—芯棒；2—缓冲槽；3—口模；4—压环；5—调节螺钉；6—上机头体；
7—机颈；8—紧固螺母；9—芯棒轴；10—下机头体

图 3-22 芯棒式机头

塑料熔体从挤出机中挤出，通过机颈 7 到达芯棒轴 9 转向 90°，被芯棒分成两股料流，从机头与芯棒的环形缝隙挤出，同时压缩空气从芯棒中心吹入管坯，将管坯吹涨成薄膜。调节螺钉 5，可以调节管坯厚度的均匀性。

芯棒式机头结构简单，机头内部通道空隙小，存料少，熔体不易过热，仅有一条薄膜熔合线，适用于加工聚氯乙烯等热稳定性差的塑料。但芯棒轴受侧向压力，容易造成口模间隙偏移，出料不均，薄膜厚度不易控制均匀。

3.6.2 芯棒式机头零件的工艺参数

1. 口模与芯棒的单边间隙

口模与芯棒的单边间隙 $\delta = 0.4 \sim 1.2\text{mm}$ 或者 $\delta = (18 \sim 30)\, t$（$t$ 为薄膜厚度）。间隙太小，机头内的成型压力就大，挤出速度慢；间隙太大，薄膜厚度的均匀性差，容易被拉断。

2. 口模定型长度

口模定型长度 L_1 一般凭经验参考表 3-7 选取。通常 $L_1 \geqslant 15\delta$，以便于控制挤出薄膜的厚度。

表 3-7　　　　　　　　　　　定型长度 L_1 与间隙 δ 的关系

塑　料	聚氯乙烯（PVC）	聚乙烯（PE）	聚丙烯（PP）	聚酰胺（PA）
L_1	$(16 \sim 30)\,\delta$	$(25 \sim 40)\,\delta$	$(25 \sim 40)\,\delta$	$(15 \sim 20)\,\delta$

3. 缓冲槽尺寸

为了消除管坯上的分流痕迹，常在芯棒定型区开设 1~2 个缓冲槽，深度 $h = (3.5~8)\,\delta$，宽度 $b = (15~30)\,\delta$。

4. 芯棒扩张角和分流线斜角

芯棒扩张角（流道角）α 不能取得过大，否则会使塑料流道阻力增大，工艺控制困难，薄膜厚度不均匀。通常 α 可取 $80°~90°$，必要时可取 $100°~120°$。分流线斜角 β 的取值与塑料流动性有关，不可取得太小，否则会使芯棒尖处出料慢，形成过热滞料分解，一般 β 取 $40°~60°$。

5. 吹胀比、牵引比和压缩比

吹胀比是指吹胀后的膜管直径与机头口模直径之比，一般取 1.5~4，工程上常用 2~3。牵引比是指膜管的牵引速度与管坯的挤出速度之比，一般取 4~6。压缩比是指机颈内流道截面积与口模定型区环形流道截面积的比值，一般应大于或等于 2。

练习题

一、填空题

1. 挤出模包括_____和_____两部分。

2. 牵引的目的是防止成塑件停滞，不能顺利挤出。牵引过程通常由_____来完成。牵引速度一般应略大于_____。

3. 温度是挤出成型中的重要参数之一。严格地说，挤出成型温度应该是指料筒中的_____温度，但是该温度在很大程度上取决于_____和_____的温度。

4. 挤出过程中的_____和_____，都会影响塑件的质量，使塑件产生残余应力，各点强度不均匀，表面灰暗无光。

5. 影响挤出速度的因素有很多，如料筒的结构、螺杆转速、加热冷却系统的结构、塑料的性能等，但是_____是控制挤出速度的主要措施。

6. 塑件的截面形状由_____和_____决定。

7. 挤出机主要由_____和_____两大部分组成。主机包括_____、_____、_____。最常用的挤出机是_____挤出机。

8. 芯棒的外径尺寸_____管材的内径尺寸。

9. 分流器头部圆角 $R=$_____，R 如果过大，熔体容易在此处_____。

10. 棒材挤出成型机头的结构较简单，与管材挤出机头基本相似，区别是棒材挤出成型机头中没有_____，只有分流器。

11. 为了减少棒材通过定径套时的流动阻力，棒材定径套内孔应具有一定的锥度，锥度为_____。

12. 板材和片材的挤出成型机头的进料口为_____，内部逐渐过渡为_____，最后形成_____的出料口。

二、不定项选择题

1. 挤出机头的作用是将挤出机挤出的熔融塑料由（　　）运动变为（　　）运动，并使熔融塑料进一步塑化。

A. 螺旋、直线　　　　　　　　　B. 慢速、快速

C. 直线、螺旋　　　　　　　　　D. 快速、慢速

2.（　　　）反映出挤出生产能力的高低。

A. 挤出速度　　　　　　　　　　B. 挤出时间

C. 挤出温度　　　　　　　　　　D. 以上都不对

3. 挤出机头的结构组成包括（　　　）。

A. 过滤板、分流器、口模、型芯、机头体

B. 过滤板、分流器、型腔、型芯、机头体

C. 过滤板、分流器、口模、芯棒、机头体

D. 推出机构、分流器、口模、芯棒、机头体

4. 管材挤出机头的口模主要成型塑件的（　　　）表面，口模的主要尺寸为口模的（　　　）尺寸和定型段的长度尺寸。

A. 内部　内径　　　　　　　　　B. 外部　外径

C. 内部　外径　　　　　　　　　D. 外部　内径

5.（　　　）塑件的挤出成型工艺过程中具有一个独立的定型过程。

A. 管材　　　B. 棒材　　　C. 薄膜　　　D. 板材

6. 分流器的作用是对塑料熔体进行（　　　），进一步（　　　）。

A. 分流　固化　　　　　　　　　B. 分流　成型

C. 分层减薄　加热和塑化　　　　D. 分层减薄　成型

7. 管材从口模中挤出后，温度（　　　），由于自重及（　　　）效应的结果，会产生变形。

A. 较低　热胀冷缩　　　　　　　B. 较高　热胀冷缩

C. 较高　离模膨胀　　　　　　　D. 较低　离模膨胀

8. 板材和片材的挤出成型机头的类型包括（　　　）。

A. 鱼尾式机头　　　　　　　　　B. 支管式机头

C. 螺杆式机头　　　　　　　　　D. 芯棒式机头

三、判断题

1. 挤出成型的适用性强，能加工所有热塑性塑料和部分热固性塑料。　（　　　）

2. 在挤出机结构和塑料品种及塑件类型确定的情况下，挤出速度与螺杆转速有关，因此调整螺杆转速是控制挤出速度的主要措施。　（　　　）

3. 牵引速度可与挤出速度相当，两者的比值称为牵引比，应略小于1。　（　　　）

4. 棒材机头适用的挤出螺杆长径比一般为15～25，螺杆转速为10～35r/min。　（　　　）

5. 芯棒的主要尺寸为芯棒外径、压缩段长度和压缩角。压缩角一般在30°～90°的范围内选取。　（　　　）

6. 挤出成型的塑件通过牵引后，可根据使用要求在切割装置上裁剪（如棒材、管材、板材、片材等）或在卷取装置上绕制成卷。　（　　　）

7. 管材被挤出口模后必须定径，定径方法有外径定型法和内径定型法两种，我国在塑料管材挤出加工中常用外径定型法。　（　　　）

8. 内径定型法一般在直通式机头中使用，尤其适用于内径公差要求比较严格的聚乙烯和聚丙烯管材。　（　　　）

9. 用挤出成型法生产板材和片材，优点是设备简单，生产过程连续，成本低，制品表面粗糙

度值小，但厚度不均匀。 （　　）

10. 支管式机头可用于多种塑料的挤出成型，但不适于宽幅板材和片材，一般幅宽小于500mm，板厚不大于3mm。 （　　）

四、问答题

1. 挤出成型的原理是什么？挤出成型有什么特点？其主要工艺参数有哪些？

2. 挤出成型工艺过程可以分为哪几个阶段？

3. 挤出成型模具包括几部分？

4. 挤出机头由哪些零件组成，分别有什么作用？

5. 挤出成型模具可以分为哪几类？

6. 管材挤出机头有哪几种典型结构？

7. 管材挤出机头口模的直径和定型部分长度如何确定？

8. 为什么管材要定径和冷却？

9. 管材挤出成型中常用的定径方法有哪些，各有什么特点？

第4章

压缩成型工艺与模具结构

压缩成型也称为压塑成型，一般用于生产热固性塑件，这些塑件用于机械零部件、电器绝缘件和日常生活用品。对于热塑性塑料，由于压缩成型的生产周期长，效率低，同时模具易损坏，所以生产中很少采用，仅在塑料制件较大时才采用。对于热固性塑料，由于注射成型及其他成型方法相继出现，压缩成型受到一定限制，但是生产某些大型特殊产品时还经常采用这种方法。用于压缩成型的塑料主要有：酚醛塑料、氨基塑料、环氧树脂、不饱和聚酯塑料、聚酰亚氨等。

4.1 压缩成型原理和工艺过程

4.1.1 压缩成型原理和特点

1. 压缩成型原理

压缩成型原理如图 4-1 所示。将粉状、粒状、片状、团状、碎屑状、纤维状的热固性塑料原料放入敞开的模具加料室中，然后合模加热使塑料熔化，在合模压力作用下，熔融塑料充满模腔，同时模腔中的塑料产生化学交联反应，最终经过固化成为具有一定形状的塑件。

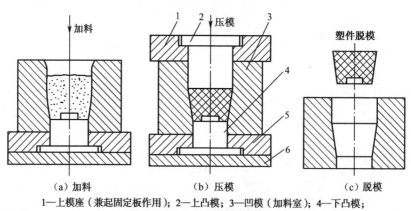

（a）加料　　　　　　　（b）压模　　　　　　　（c）脱模

1—上模座（兼起固定板作用）；2—上凸模；3—凹模（加料室）；4—下凸模；
5—下模板；6—下模座（兼起垫板作用）

图 4-1 压缩成型原理

2. 压缩成型的特点

① 压缩模没有浇注系统，使用的设备和模具比较简单低廉。

② 适用于流动性差的塑料，比较容易成型大型塑料制件。

③ 压缩成型的塑件收缩率小，变形小，各向性能比较均匀。

④ 生产周期长，生产率低，劳动强度大，不宜实现自动化。

⑤ 塑件经常带有溢料飞边，尺寸精度难以控制。

4.1.2 压缩成型工艺过程

1. 压缩成型的准备工作

（1）预热

成型前对热固性塑料原料进行预热处理，目的是除去其中的水份及其他挥发物，同时提高料温，提高塑件内部固化的均匀性，便于缩短压缩成型周期。生产中常用的预热设备是电烘箱和红外线加热炉。

（2）预压

为了成型操作时的方便和提高塑件的质量，在室温下将热固性塑料原料用预压模在预压机上压成质量一定、形状相似的型坯，型坯的形状以能紧凑地放入模具中预热为宜，多为圆片状、长条状等。

2. 压缩成型工艺过程

热固性塑料的压缩成型工艺过程可以分为 6 个阶段。

（1）嵌件的安放

如果压缩成型带有嵌件的塑件，加料前应预热嵌件并将其安放在模内。安放嵌件一般是用镊子或专用工具进行，安放的嵌件要求位置准确平稳，以防止出现废品或损坏模具。

（2）加料

在模具加料室中加入已预热和定量的塑料称为加料。加料的关键是加料量，加料量是否合理，直接影响到塑件的密度和尺寸精度。常用的加料方法有测重法、容量法和计数法 3 种。测重法比较准确，但操作麻烦。容量法操作简便，但加料量的控制不如测重法准确。计数法只适用于预压坯料。

（3）合模

加料完成后进行合模。在凸模尚未接触塑料前速度要快，以缩短成型周期和避免塑料过早地固化或过多地分解。在凸模接触塑料后改为慢速，以避免模具中的嵌件、成型杆或型腔遭到损坏。此外放慢速度还可以使模内气体得到充分排除。等到模具闭合后就可以加大压力。合模所需要的时间从几秒到几十秒不等。

（4）排气

压缩热固性塑料时，在模具闭合后，有时还需要卸压将凸模松动少许时间，以便排除其中的气体。排气不仅可以缩短固化时间，而且有利于提高塑件的性能和表面质量。排气的次数和时间要按照需要确定，通常排气的次数为一到两次，每次时间为几秒到几十秒。

（5）固化

热固性塑料的固化是指在压缩成型温度下保持一段时间，以保证其性能达到最佳状态。固化速度不高的塑料，有时也不必将整个固化过程放在模具内完成，而只要塑件能够完整地脱模即可结束固化，从而提高生产率。提前结束固化的塑件，必须用后烘的方法完成固化。模内固化时间取决于塑料的种类、塑件的厚度、物料形状以及预热和成型温度，一般从 30s 到数分钟不等，需由实验方法确定。固化时间过长或过短，对塑件的性能都不利。

（6）脱模

固化结束后塑件从模具型腔中脱出，称为脱模。脱模主要靠推出机构来完成，当塑件带有嵌件时，应先用专用工具将嵌件拔出，然后再进行脱模。

3. 压缩成型后的处理

塑件脱模后，应对模具进行清理，有时要对塑件进行后处理。

（1）清理模具

塑件成型脱模后，模内会留有一些脱落的碎料或飞边等，这些残留物如果压入再次成型的塑件中，会严重影响塑件的质量甚至造成废品。清理模具时应用铜质工具除去模腔内的碎料或飞边，然后用压缩空气将其吹净。

（2）塑件后处理

对塑件进行后处理是为了进一步提高塑件的质量。热固性塑件脱模后经常在较高的温度下（比成型温度高10℃～50℃）保温一段时间，使其固化更完全，同时减少或消除塑件的内应力，减少水分及其他挥发物。后处理的方法与注射成型塑件相似。

4.1.3 压缩成型工艺参数

压缩成型工艺参数主要是指压缩成型压力、压缩成型温度和压缩时间。

1. 压缩成型压力

压缩成型压力是指压缩时液压机通过凸模对塑料熔体充满型腔和固化时在分型面单位投影面积上施加的压力。压缩成型压力可以采用以下公式计算

$$p = \frac{p_b \pi D^2}{4A} \tag{4-1}$$

式中　p——压缩成型压力（MPa），一般为15～30MPa；

　　　p_b——压力机工作液压缸表压力（MPa）；

　　　D——压力机主缸活塞直径（m）；

　　　A——塑件与凸模接触部分在分型面上投影面积（m^2）。

压缩成型压力对塑件的密度和内在质量有很大影响，成型压力大，有利于提高塑料流动性，易于充满型腔，并能使固化速度加快，保证塑件具有稳定的尺寸、形状，减少飞边，防止变形。但是压缩成型压力过大则会降低模具寿命。

压缩成型压力的大小与塑料种类、塑件形状、塑件结构及模具温度有关。通常情况下，塑料的流动性越小，塑件越厚、形状越复杂，塑料固化速度和压缩比越大，所需要的成型压力越大。常见的热固性塑料的压缩成型压力如表4-1所示。

表4-1　　　　　　　　　　**热固性塑料的成型温度与成型压力**

塑 料 类 型	压缩成型温度（℃）	压缩成型压力（MPa）
酚醛塑料（PF）	145～180	7～42
三聚氰胺甲醛塑料（MF）	140～180	14～56
脲甲醛塑料（UF）	135～155	14～56
聚酯塑料（UP）	85～150	0.35～3.5
邻苯二甲酸二丙烯酯塑料（PDPO）	120～160	3.5～14
环氧树脂塑料（EP）	145～200	0.7～14
有机硅塑料（DSMC）	150～190	7～56

2. 压缩成型温度

压缩成型温度是指压缩成型时所需要的模具温度。它是使热固性塑料流动、充模并最后固化成型的主要影响因素，决定了成型过程中聚合物交联反应的速度，从而影响塑件的最终性能。

在一定范围内提高模具温度，有利于降低成型压力。因为模具温度越高，传热就越快，此时塑料的流动性好，从而减小了成型压力。但是模具温度过高，会加快固化速度，使塑料的流动性降低，着色剂分解变质，从而造成充模不满以及塑件表面颜色黯淡。特别是成型形状复杂、壁薄、深度大的塑件更为明显。同时由于外层固化比内层快得多，使水分和挥发物难以排除。这不仅会降低塑件的力学性能，而且会使塑件发生肿胀、开裂、变形和翘曲。因此，在压缩成型厚度较大的塑件时，往往不是提高温度，而是在降低温度的前提下延长压缩时间。但是如果模具温度过低，会造成塑料固化效果差，塑件表面光泽灰暗，塑件物理性能和力学性能下降。常见的热固性塑料的压缩成型温度如表 4-1 所示。

3. 压缩时间

压缩时间是指模具从闭合到模具开启的一段时间，即塑料从充满型腔到固化成型为塑件，在模腔内停留的时间。压缩时间与塑件种类、塑件形状、压缩成型压力和温度、操作步骤等因素有关。塑料的流动性差，固化速度慢，水分和挥发物含量多，塑料未经预热或预压，则压缩时间要长一些。塑件厚度大，压缩时间也要长一些，否则会造成塑件内部固化不足。塑件形状复杂的，由于塑料在型腔内受热面积大，塑料流动时摩擦热多，因而压缩时间可以短一些，但必须控制其固化速度，以保证塑料充满型腔。

表 4-2 列出了酚醛塑料和氨基塑料的压缩成型工艺参数。

表 4-2　　　　　　　　　　　酚醛塑料和氨基塑料的压缩成型工艺参数

工 艺 参 数	酚 醛 塑 料			氨 基 塑 料
	一般工业用	高压绝缘用	耐高频电绝缘用	
压缩成型温度（℃）	150～165	150～170	180～190	140～155
压缩成型压力（MPa）	25～35	25～35	>30	25～35
压缩时间（min/mm）	0.8～1.2	1.5～2.5	2.5	0.7～1.0

注：一般工业用是以苯酚—甲醛线型树脂的粉末为基础的压缩粉；
　　高压绝缘用是以甲酚—甲醛可溶性树脂的粉末为基础的压缩粉；
　　耐高频电绝缘用是以苯酚—苯胺—甲醛树脂和无机矿物为基础的压缩粉。

4.2　压缩成型模具概述

4.2.1　压缩成型模具的结构组成

压缩成型模具简称为压缩模，其典型结构如图 4-2 所示。

压缩模可以分为两大部分：固定在压力机模板上的上模和固定在压力机工作台上的下模，两大部分依靠导柱 6 导向开合。上下模闭合使装于加料室和型腔中的塑料受热受压，成为熔融状态并充满整个型腔。当塑件固化成型后开模，上模部分上移，上凸模 3 脱离下模一段距离，手工将侧型芯 20 抽出，推杆 11 将塑件推出模外。

压缩模的具体结构可以分为以下几个部分。

1. 成型零件

成型零件是直接成型塑件的零件。在图 4-2 中成型零件由上凸模 3、下凸模 8、凹模 4、侧型芯 20、型芯 7 组成。上凸模 3、下凸模 8、凹模 4 构成模具型腔，是直接成型塑件的部位。

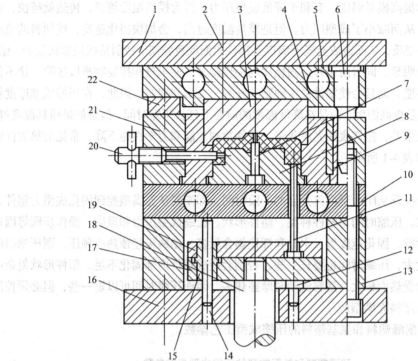

1—上模座板；2—螺钉；3—上凸模；4—凹模；5、10—加热板；6—导柱；
7—型芯；8—下凸模；9—导套；11—推杆；12—挡钉；13—垫块；
14—推板导柱；15—推板导套；16—下模座板；17—推板；
18—压力机顶杆；19—推杆固定板；20—侧型芯；
21—凹模固定板；22—承压板

图 4-2　典型压缩模具结构

2. 加料室

加料室是指凹模 4 的上半部，在图 4-2 中为凹模截面尺寸的扩大部分。由于塑料原料与塑件相比具有较小的密度，塑件成型前单靠型腔无法容纳全部原料，因此，在型腔之上设有一段加料室。

3. 导向机构

在图 4-2 中，导向机构由布置在模具上模周边的 4 根导柱 6 和下模的导套 9 组成。导向机构的作用是保证上、下合模的对中性。为了保证推出机构上下运动平稳，该模具在下模座板 16 上还设有两根推板导柱 14，在推板 17、推杆固定板 19 上装有推板导套 15。

4. 侧向分型抽芯机构

与注射成型模一样，当压缩成型带有侧孔和侧凹的塑件时，模具必须设有侧向分型抽芯机构，塑件才能脱出。图 4-2 所示的塑件带有侧孔，在顶出前先用手转动丝杆抽出侧型芯 20。

5. 脱模机构

压缩模中一般都要设置脱模机构（推出机构），它的作用是将塑件脱出模腔。压缩模的脱模机构与注射模具相似。在图 4-2 中，脱模机构由推杆 11、推杆固定板 19、推板 17、压力机顶杆 18 等零件组成。

6. 加热系统

热固性塑料压缩成型需要在较高温度下进行，因此模具必须加热。常见的加热方式有：电加热、蒸汽加热、煤气或天然气加热，但电加热最为普遍。图 4-2 中，在加热板 5、10 中设计有加热孔，加热孔中插入电热棒，分别对上凸模、下凸模和凹模进行加热。

4.2.2 压缩成型模具的分类

压缩模的分类方法很多，下面主要介绍按照模具在压力机上的固定方式和按上、下模配合结构特征进行分类的方法。

1. 按模具在压力机上的固定方式分类

可以分为移动式压缩模、半固定式压缩模和固定式压缩模。

（1）移动式压缩模

移动式压缩模如图 4-3 所示。模具不固定在压力机上，塑件成型后将模具移出压力机，用专门卸模工具开模取出塑件。在图 4-3 中，采用 U 形支架撞击上下模板，使模具分开脱出塑件。这种模具结构简单，制造周期短，但由于加料、开模、取件等工序均为手工操作，劳动强度大、生产率低、模具易磨损。它适用于压缩成型批量不大的中、小型塑件以及形状复杂、嵌件较多、加料困难、带有螺纹的塑件。

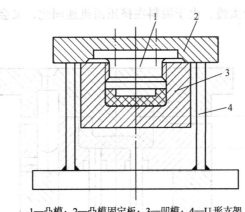

1—凸模；2—凸模固定板；3—凹模；4—U 形支架

图 4-3　移动式压缩模

（2）半固定式压缩模

半固定式压缩模如图 4-4 所示。一般将上模固定在压力机上，下模可沿导轨移动，用定位块定位；也可根据需要采用下模固定的形式。塑件成型后移出上模或下模，用手工或卸模架取出塑件。这种模具结构便于安放嵌件和加料，减小劳动强度，并可与通用模架配合使用。当移动式压缩模重量过大或嵌件较多时，为了便于操作，可以采用这种模具。

（3）固定式压缩模

固定式压缩模如图 4-2 所示。上下模分别固定在压力机上下工作台上。开模、闭模、推出等动作都在机内完成，因此生产效率高、操作简单、劳动强度小、开模振动小、模具寿命长，但是模具结构复杂、成本高，且安装嵌件不方便。它适用于成型批量较大或尺寸较大的塑件。

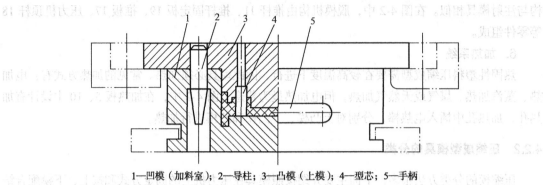

1—凹模（加料室）；2—导柱；3—凸模（上模）；4—型芯；5—手柄

图4-4　半固定式压缩模

2. 按上、下模配合结构特征分类

可以分为溢式压缩模、不溢式压缩模和半溢式压缩模。

（1）溢式压缩模

溢式压缩模如图4-5所示。这种模具无单独的加料室，型腔本身作为加料室，型腔高度 h 等于塑件高度。由于凸模和凹模无配合部分，所以压缩时过剩的塑料极易溢出。宽度为 B 的环形面积是挤压面，由于其宽度较窄，可以减薄塑件的飞边。合模后压缩阶段的初期，挤压面仅对溢料产生有限的阻力，直到合模终点时挤压面才完全密合，因此制件密度往往较低，力学性能不佳。如果模具闭合太快，会造成溢料量增加，既浪费原料，又降低了塑件的密度和强度。但是如果模具闭合太慢，由于溢料在挤压面迅速固化，又会造成制件的毛边增厚，高度增大。

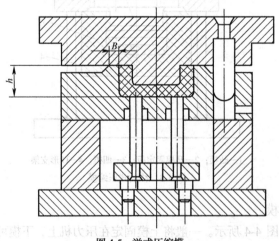

图4-5　溢式压缩模

溢式压缩模的凸模和凹模的配合完全靠导柱定位，没有其他的配合面，所以塑件的径向壁厚尺寸精度不高。

溢式压缩模结构简单，造价低廉，耐用，塑件容易取出，安装嵌件方便，特别是扁平塑件可以不设推出机构。适用于成型扁平的塑件，特别是对强度和尺寸无严格要求的塑件。

（2）不溢式压缩模

不溢式压缩模如图4-6所示。这种模具的加料室为型腔上部截面的延续，无挤压面，理论上压力机所施加的压力将全部作用在制件上，塑料的溢出量很少。凸模和加料室之间有一段配合，配合间隙如果过小，在压缩时型腔内的气体无法顺畅排出；配合间隙如果过大，会造成溢料增多，影响塑件质量。一般单边间隙为 0.025～0.075mm。

由于不溢式压缩模的溢料量很少，加料量将直接影响制件的高度尺寸，所以每模加料都必须准确称量。不溢式压缩模必须设推出装置，否则制件很难取出。

不溢式压缩模适用于成型体积大、流动性差的塑料，如棉布、玻璃纤维或长纤维填充的塑料，也适用于成型形状复杂、薄壁、长流程和深形塑件。

（3）半溢式压缩模

半溢式压缩模如图 4-7 所示。这种模具在型腔上方设有截面尺寸大于塑件尺寸的加料室，加料室和型腔的分界处有一环形挤压面，其宽度为 4～5mm。凸模与加料室之间是间隙配合，凸模在四周开有溢料槽，凸模下压到与挤压面接触时为止。每模加料即使稍有过量，多余的塑料也可以通过配合间隙和溢料槽排出。

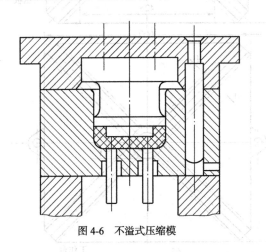

图 4-6　不溢式压缩模

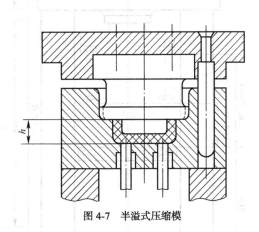

图 4-7　半溢式压缩模

这种模具兼有溢式压缩模和不溢式压缩模的优点，塑件径向壁厚尺寸和高度尺寸的精度均较高，塑件密度较高，模具寿命长，塑件脱模容易，在生产中被广泛采用。

4.2.3　压缩成型设备

压缩成型设备是压力机，压力机的种类很多，按传动方式不同可以分为机械式压力机和液压机。压缩成型中一般采用液压机。

1. 液压机的种类和结构

液压机的种类很多，按机架结构可以分为框架式液压机和立柱式液压机。框架式一般用于中、小型液压机，立柱式一般用于大、中型液压机。按施压油缸所在位置可以分为上压式液压机和下压式液压机，压制一般的塑料制件常采用上压式液压机，压制大型塑料层压板可采用下压式液压机。按操作方式可以分为手动、半自动、全自动液压机。按工作液体的种类可以分为以液压油驱动的油压机和油水乳化液驱动的水压机。

图 4-8 所示为 Y71-100 液压机的示意图，它的机身由型钢焊接而成，油箱、液压泵等液压系统元件都装在机身的上部。操纵手柄位于机身右侧，通过连杆与控制阀相连，改变手柄的位置可以改变液压缸的油流方向，以实现开模、合模、给模具施加压力等。顶出机构是机械式的，装在

机身的下部。顶出的方法有自动和手动两种。

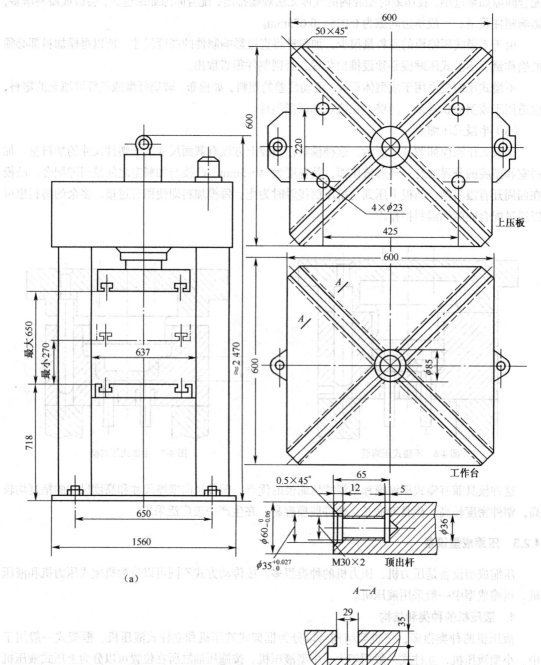

图 4-8 Y71-100 液压机示意图

常用国产液压机的技术参数如表 4-3 所示。

表4-3   常用国产液压机的技术参数

常用液压机型号	特 征	液 压 部 分			封闭高度 H(mm)	滑块最大行程 S(mm)	顶 出 部 分			附 注
		公称压力（kN）	回程压力（kN）	工作液最大压力 p(MPa)			顶出杆最大顶出力（kN）	顶出杆最大回程力（kN）	顶出杆最大行程 S_1(mm)	
45-58	上压式、框架结构、下顶出	450	68	32	650	250			150	
YA71-45	上压式、框架结构、下顶出	450	60	32	750	250	12	3.5	175	
SY71-45	上压式、框架结构、下顶出	450	60	32	750	250	12	3.5	175	
YS（D）-45	上压式、框架结构、下顶出	450	70	32		250			150	
Y32-50	上压式、框架结构、下顶出	500	105	20	600	400	7.5	3.75	150	
YB32-63	上压式、框架结构、下顶出	630	133	25	600	400	9.5	4.7	150	
BY32-63	上压式、框架结构、下顶出	630	190	25	600	400	18	10	130	
YX-100	上压式、框架结构、下顶出	1000	500	32	650	380	20		165（自动）280（手动）	
Y71-100	上压式、框架结构、下顶出	1000	200	32	650	380	20		165（自动）280（手动）	
ICH-100	上压式230、框架结构、下顶出	1000	500	32	650	380	20		165（自动）280（手动）	
Y32-100	上压式、柱式结构、下顶出	1000	230	20	900	600	15	8	180	
Y32-200	上压式、柱式结构、下顶出	2000	620	20	1100	700	30	8.2	250	
YB32-200	上压式、柱式结构、下顶出	2000	620	20	1100	700	30	15	250	
YB71-250	上压式、柱式结构、下顶出	2500	1250	30	1200	600	34		300	
SY-250	上压式、柱式结构、下顶出	2500	1250	30	1200	600	34		300	工作台上有3个顶出杆，滑块上有两孔
ICH-250	上压式、柱式结构、下顶出	2500	1250	30	1200	600	63		300	工作台上有3个顶出杆，滑块上有两孔
Y32-300 YB32-300	上压式、柱式结构、下顶出	3000	400	20	1240	800	30	8.2	250	
Y31-63		630	300	32		300	0.3（手动）		180	
Y71-63		630	300	32	600	300	0.3（手动）		130	
Y32-100A		1000	160	21	850	600	16.5	7	210	
Y33-800		3000		24	1000	600				

2. 压缩模与液压机的关系

压缩模的结构一定要适应压力机的结构和性能。选择压缩成型的液压机时，必须熟悉液压机的主要技术参数，如液压机的成型总压力、开模力、推出力、合模高度和开模行程等技术参数都必须与压缩模相适应，否则将出现压缩模在液压机上无法安装、塑件不能顺利成型或成型后无法取出等问题。因此，确定模具结构时，应首先对压力机做以下几方面的校核计算。

（1）成型压力校核

成型压力是指塑料压缩成型时所需的压力，它与塑件几何形状、水平投影面积、成型工艺等因素有关。成型压力必须满足下式

$$F_M \leqslant K F_P \qquad (4-2)$$

式中 F_M——用模具压缩成型塑件时所需的成型总压力（N）；

　　　F_P——压力机的公称压力（N）；

　　　K——修正系数，按压力机的新旧程度取 0.75～0.90。

用模具压缩成型塑件时所需要的成型总压力

$$F_M = n A p \qquad (4-3)$$

式中 n——型腔数目；

　　　A——每一型腔的水平投影面积（m^2）；对于溢式和不溢式压缩模，A 等于塑件最大轮廓的水平投影面积，对于半溢式压缩模，A 等于加料室的水平投影面积。

　　　p——塑料压缩成型时所需要的单位压力（Pa）。

当确定压力机后，就可以按照下式确定型腔的数目

$$n \leqslant \frac{K F_P}{A P} \qquad (4-4)$$

（2）开模力和脱模力的校核

a. 开模力的校核。

开模力可以按下式计算：

$$F_k = k F_M \qquad (4-5)$$

式中 F_k——开模力（N）；

　　　k——系数，凸模与凹模配合长度不大时取 0.1，配合长度较大时取 0.15，塑件形状复杂且配合长度较大时取 0.2。

如果要保证压缩模开模可靠，必须使开模力小于压力机液压缸的回程力。

b. 脱模力的校核。

脱模力可以按下式计算

$$F_t = A_c P_f \qquad (4-6)$$

式中 F_t——塑件从模具中脱出所需要的力（N）；

　　　A_c——塑件侧面积之和（m^2）；

　　　P_f——塑件与金属表面的摩擦力，塑件以木纤维和矿物质作填料时取 0.49MPa；塑件以玻璃纤维增强时取 1.47MPa。

如果要保证脱模可靠，必须使脱模力小于压力机的顶出力。

（3）合模高度与开模行程的校核

为了使模具正常工作，必须使模具闭合高度和开模行程与压力机上下工作台之间的最大和最

小开距以及活动压板的工作行程相适应，即

$$h_{\min} \leq h \leq h_{\max} \qquad\qquad (4\text{-}7)$$

$$h = h_1 + h_2 \qquad\qquad (4\text{-}8)$$

式中　$h_{\min}$、$h_{\max}$——压力机上下模板之间的最大和最小距离（mm）；

　　　h——模具合模高度（mm）；

　　　h_1——凹模的高度（mm），如图 4-9 所示；

　　　h_2——凸模台肩的高度（mm），如图 4-9 所示。

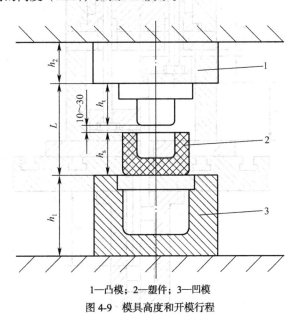

1—凸模；2—塑件；3—凹模

图 4-9　模具高度和开模行程

如果 $h < h_{\min}$，上下模不能闭合，压力机无法工作，此时必须在模具与工作台之间加垫板，以保证 $h_{\min} \leq h +$ 垫板厚度。

为了保证锁紧模具，除了满足 $h_{\max} > h$ 以外，还要求

$$h_{\max} \geq h + L \qquad\qquad (4\text{-}9)$$

式中　L——模具最小开模距离（mm）。

$$L = h_s + h_t + (10 \sim 30) \qquad\qquad (4\text{-}10)$$

式中　h_s——塑件的高度（mm），如图 4-9 所示；

　　　h_t——凸模的高度（mm），如图 4-9 所示。

所以　　　　　　　$$h_{\max} \geq h + h_s + h_t + (10 \sim 30) \qquad\qquad (4\text{-}11)$$

（4）压力机顶出机构的校核

固定式压缩模塑件的推出，一般由压力机顶出机构驱动模具推出机构来完成。因此模具的推出机构应与压力机顶出机构相适应，即推出塑件所需要的行程小于压力机最大顶出行程，同时压力机的顶出行程必须保证塑件能被推出型腔，并高出型腔表面 10mm 以上，以便取出塑件，如图 4-10 所示。

$$l = h_1 + h_s + (10 \sim 15) \leq L \qquad\qquad (4\text{-}12)$$

式中　l——塑件所需的推出高度（mm）；

　　　h_1——加料室的高度（mm），如图 4-10 所示；

h_s——塑件最大的高度（mm），如图 4-10 所示；

L——压力机最大顶出行程（mm）。

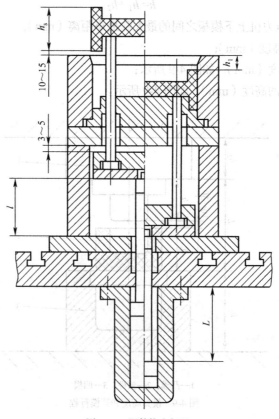

图 4-10　塑件推出行程

（5）压力机工作台有关尺寸的校核

压缩模具的宽度应小于压力机立柱或框架之间的距离，以使模具能顺利地通过。压缩模具的最大外形尺寸不宜超过压力机工作台面尺寸，否则无法安装固定模具。

压力机的滑块底面和工作台面上常开设有相互平行或对角线交叉的 T 形槽，压缩模的上下模座可以直接用 T 形槽中的螺栓紧固连接，也可以用 T 形槽中的螺栓和压板压紧固定，此时，模座尺寸比较自由，只要设有宽度为 15～30mm 的凸缘台阶供压板压紧即可。

4.3　压缩模成型零部件的结构

4.3.1　塑件形状与模具结构的关系

1．塑件在模具内加压方向的确定

加压方向是指凸模的作用方向，也就是模具的轴线方向。加压方向对塑件的质量、模具的结构和脱模的难易程度有着较大的影响。在确定加压方向时，一般应考虑以下因素。

（1）应有利于压力的传递

加压过程中，要避免压力传递的距离过长，以至于压力的损失太大。例如圆筒形塑件，一

般顺着轴线加压，如图 4-11（a）所示。当圆筒太长时，成型压力不易均匀地作用在全长范围内。这时如果从上端加压，则塑件下部的压力小，容易产生塑件下部疏松或角落处填充不足的现象。在这种情况下，可以采用不溢式压缩模，增大型腔压力或采用上、下模同时加压，以增加塑件底部的密度。但当制件由于长度过长而在中段仍然出现疏松时，可以将塑件横放，采用横向加压的方法，如图 4-11（b）所示。但这样做将在塑件外圆产生两条飞边，影响外观。

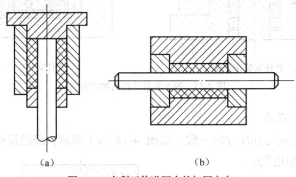

(a)   (b)

图 4-11 有利于传递压力的加压方向

（2）应便于加料

图 4-12 所示为同一塑件的两种加压方法。图 4-12（a）所示的加料腔直径大而浅，便于加料；图 4-12（b）所示的加料腔直径小而深，不便于加料，压缩时还会使模套升起造成溢料。

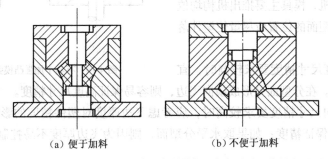

（a）便于加料   （b）不便于加料

图 4-12 便于加料的加压方向

（3）应便于安装和固定嵌件

当塑件上有嵌件时，应优先考虑将嵌件安装在下模，如图 4-13（a）所示。这样不但操作方便，而且可以利用嵌件推出塑件，在塑件表面不留下任何推出痕迹。如果将嵌件安装在上模，如图 4-13（b）所示，则既不方便，又可能因为嵌件安装不牢固而落下损坏模具。

（4）应保证凸模强度

有的制件无论从正面或反面加压都可以成型，但是施压时上凸模受力很大，所以上凸模的形状越简单越好。为了便于制件脱模和简化上凸模，制件复杂部分宜朝下，如图 4-14 所示，图 4-14（a）的凸模比图 4-14（b）的好。

（5）应使长型芯位于加压方向

当利用开模力做侧向机动分型抽芯时，应该把抽拔距离长的型芯放在加压方向（即开模方向），把抽拔距离短的型芯放在侧向，作侧向分型抽芯。

（6）应保证重要尺寸精度

沿着加压方向的塑料制件的高度尺寸会因为溢料飞边厚度不同和加料量不同而变化（特别是

不溢式压缩模），所以精度要求很高的尺寸不宜设计在加压方向上。

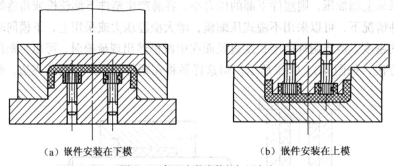

（a）嵌件安装在下模　　　　　　　　　　（b）嵌件安装在上模

图 4-13　便于安装嵌件的加压方向

（7）应便于塑料的流动

加压时应使料流方向与加压方向一致。如图 4-14（a）所示，型腔设在下模，加压方向与料流方向一致，能有效利用压力。

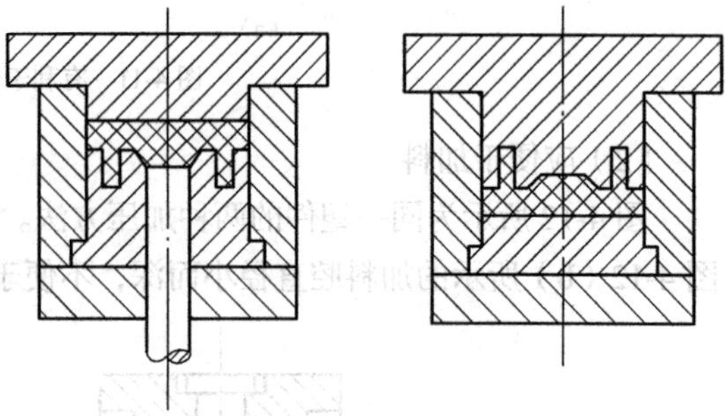

2. 分型面的选择

加压方向确定后即可确定分型面的位置，一般应考虑以下原则。

① 应便于塑件脱模。无论是上压式压力机还是下压式压力机，模具主要推出机构均位于压力机下方，分型面的位置应尽量使塑件落在下模。

② 当塑件高度尺寸精度要求较高时，宜采用半溢式压缩模。在分型面处形成横向飞边，则容易保证高度尺寸精度。

（a）　　　　　　　　（b）

图 4-14　有利于加强凸模强度的加压方向

③ 当塑件径向尺寸精度要求较高时，应考虑飞边厚度对塑件精度的影响。如果塑件取垂直分型面，则容易保证精度；如果取水平分型面，则因为飞边厚度不易控制而影响塑件精度。

4.3.2　凸模与凹模配合的结构形式

1. 溢式压缩模凸、凹模配合的结构形式

溢式压缩模凸、凹模没有配合段，在分型面水平接触。为了减少溢料量，接触面要光滑平整；为了减少飞边的厚度，接触面不宜太大，通常将接触面设计成一个环形面，宽度为 3～5mm，过剩的塑料可以从环形面溢出，所以该面也称为溢料面或挤压面，如图 4-15（a）所示。由于环形面的面积较小，如果靠它承受压力机的余压会导致环形面过早变形和磨损，使制件脱模困难。为此在环形面之外再增加承压面或在型腔周围距边缘 3～5mm 处开设溢料槽，槽以外为承压面，槽以内为溢料面，如图 4-15（b）所示。

2. 不溢式压缩凸、凹模配合的结构形式

不溢式压缩常用的配合结构如图 4-16 所示。其加料室截面尺寸与型腔截面尺寸相同，二者之间不存在挤压面，所以配合间隙不宜过小，否则压制时型腔内气体无法通畅地排除，不仅影响塑件质量，而且由于压缩模是在高温下使用，配合间隙小，凸、凹模极易咬死、擦伤。反之，配合间隙也不宜过大，否则会造成严重的溢料，不但影响塑件的质量，还会由于溢料粘接而使开模困难。为了减少摩擦面积使开模容易，凸模和凹模的配合高度不宜太大，如果加料室较深，应将凹模入口附近 10mm 左右的一段做成带锥面的导向段，斜度 $\alpha=15'\sim20'$，入口处做成 $R1.5$ 的圆角，以引导凸模顺利进入型腔。

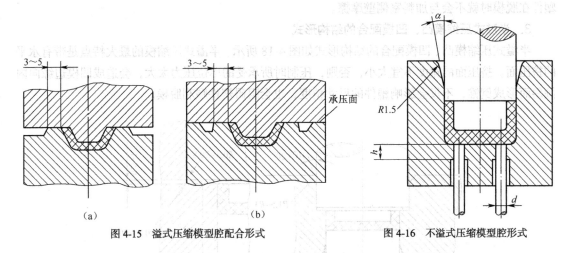

图 4-15　溢式压缩模型腔配合形式　　　　图 4-16　不溢式压缩模型腔形式

固定式模具的推杆或移动式模具的活动下凸模与对应孔之间的配合长度不宜太长，其有效配合高度 h 应根据下凸模或顶杆的直径选取，如表 4-4 所示。

表 4-4　　　　　　　　　　推杆或下凸模直径与配合高度的关系

推杆或下凸模直径 $d l$/(mm)	<5	>5～10	>10～50	>50
配合高度 h/(mm)	4	6	8	10

不溢式压缩模凸、凹模配合结构的最大缺点是凸模与加料室侧壁有摩擦。这样不仅塑件脱模困难，而且塑件的外表面也容易被粗糙的加料室侧壁擦伤。为了克服这一缺点，可以采用以下方法。

① 如图 4-17（a）所示，将凹模内成型部分垂直向上延伸 0.8mm，然后向外扩大 0.3～0.5mm，以减小脱模时制件与加料室侧壁的摩擦。此时在凸模与加料室之间形成一个环形储料槽。设计时凹模上的 0.8mm 和凸模上的 1.8mm 可以适当增减，但不宜变动太大，如果将尺寸 0.8mm 增大太多，则单边间隙 0.1mm 部分太大，凸模下压时环形储料槽中的塑料不宜通过间隙而进入型腔。

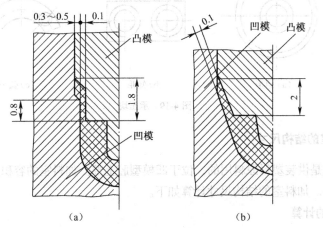

图 4-17　改进后的不溢式压缩模型腔配合形式

② 如图 4-17（b）所示的凸、凹模配合形式，最适合于成型带斜边的塑件。将型腔上端按照与塑件侧壁相同的斜度适当扩大，高度增加 2mm 左右，横向增加值由塑件侧壁斜度决定。这样，塑件在脱模时就不会与加料室侧壁摩擦。

3. 半溢式压缩模凸、凹模配合的结构形式

半溢式压缩模凸、凹模配合的结构形式如图 4-18 所示。半溢式压缩模的最大特点是带有水平的挤压面。挤压面的宽度不宜太小，否则，压制时所承受的单位压力太大，会造成凹模边缘向内倾斜而形成倒锥，不仅会影响塑件的尺寸精度，也会阻碍塑件顺利脱模。

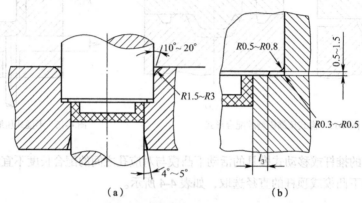

（a）　　　　　　　　　　　　　　（b）

图 4-18　半溢式压缩模凸、凹模配合的结构形式

为了使压力机的余压不至于全部由挤压面承受，凹模上端面必须设计有承压块。

承压块通常只有几小块，对称布置在加料室上平面，承压块的形状可以是圆形、矩形或弧形，如图 4-19 所示，承压块的厚度一般为 8～10mm。

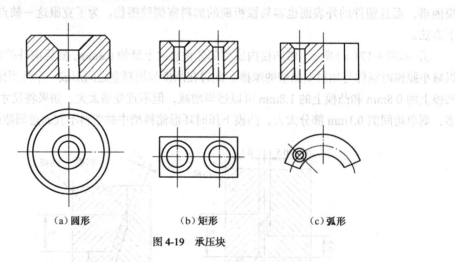

（a）圆形　　　　　　（b）矩形　　　　　　（c）弧形

图 4-19　承压块

4.3.3　凹模加料室的结构尺寸

凹模的加料室是供装塑料原料用的，位于凹模型腔上部。加料室的容积要足够大，以防止压制时原料溢出模外。加料室的结构尺寸计算如下。

1. 塑料体积的计算

$$V_{料} = mv = V\rho v \qquad (4\text{-}13)$$

式中　$V_料$——塑件所需塑料原料的体积（cm^3）；

　　　V——塑件的体积（包括溢料）（cm^3）；

　　　v——塑件的比体积（cm^3/g），如表 4-5 所示；

　　　ρ——塑件的密度（g/cm^3），如表 4-6 所示；

　　　m——塑件的质量（包括溢料）（g）。

表 4-5　　　　　　　　　　　　　部分压制用塑料的比体积

塑 料 种 类	比体积 $v/(cm^3/g)$
酚醛塑料（粉状）	1.8～2.8
氨基塑料（粉状）	2.5～3.0
碎布塑料（片状）	3.0～6.0

表 4-6　　　　　　　　　　　　常用热固性塑料的密度和压缩比

塑　　　料		密度 $\rho/(g/cm^3)$	压缩比 K
酚醛塑料	木粉填充	1.34～1.45	2.5～3.5
	石棉填充	1.45～2.00	2.5～3.5
	云母填充	1.65～1.92	2～3
	碎布填充	1.36～1.43	5～7
脲醛塑料	纸浆填充	1.47～1.52	3.5～4.5
三聚氰胺甲醛塑料	纸浆填充	1.45～1.52	3.5～4.5
	石棉填充	1.70～2.00	3.5～4.5
	碎布填充	1.5	6～10
	棉短线填充	1.5～1.55	4～7

塑料体积的计算也可按塑料原料在成型时的体积压缩比来计算

$$V_料 = VK \tag{4-14}$$

式中　$V_料$——塑件所需塑料原料的体积（cm^3）；

　　　V——塑件的体积（包括溢料）（cm^3）；

　　　K——塑料压缩比，如表 4-6 所示。

2. 加料室的高度尺寸

图 4-20 所示为各种典型塑件的成型情况，加料室的高度尺寸可以分别按照下面的公式计算。

（1）不溢式压缩模加料室的高度尺寸

图 4-20（a）所示为一般塑件，其加料室高度尺寸 H 按照下式计算

$$H = \frac{V_料 + V_1}{A} + (0.5 \sim 1.0) \tag{4-15}$$

式中　H——加料室高度（cm）；

　　　$V_料$——塑件所需塑料原料的体积（cm^3）；

　　　V_1——下凸模凸出部分的体积（cm^3）；

　　　A——加料室的断面积（cm^2）。

（0.5～1.0）cm 是不装塑料的导向部分，由于有这部分过剩空间，可以避免在模具闭合时塑料原料飞溅出来。

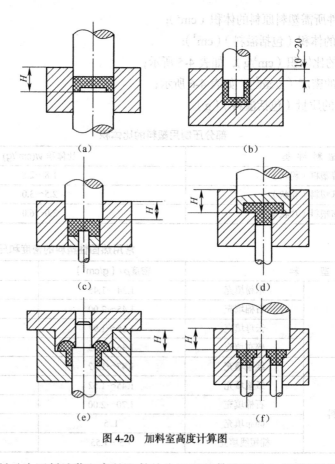

图 4-20　加料室高度计算图

图 4-20（b）所示为压制壁薄且高的塑件，由于型腔体积较大，塑料原料体积较小，原料装入后不能达到塑件高度，这时型腔（包括加料室）总高度为

$$H = h + (1.0 \sim 2.0) \tag{4-16}$$

式中　h——塑件高度（cm）。

（2）半溢式压缩模加料室的高度尺寸

图 4-20（c）所示为塑件在加料室下边成型，其加料室高度尺寸为

$$H = \frac{V_{料} - V_0}{A} + (0.5 \sim 1.0) \tag{4-17}$$

式中　V_0——加料室以下型腔体积（cm^3）。

图 4-20（d）所示为塑件一部分在挤压边以上成型，其加料室高度尺寸为

$$H = \frac{V_{料} - (V_1 + V_2)}{A} + (0.5 \sim 1.0) \tag{4-18}$$

式中　V_1——塑件在凹模中的体积（cm^3）；

　　　V_2——塑件在凸模的凹入部分的体积（cm^3）。

在合模时塑料不一定先充满凸模的凹入部分，这样会减少导向部分高度，为了保险起见，在计算时常常不扣除 V_2，即加料室的高度尺寸按照下式计算

$$H = \frac{V_{料} - V_1}{A} + (0.5 \sim 1.0) \tag{4-19}$$

图 4-20（e）所示为带中心导柱的半溢式压缩模，其加料室的高度尺寸为

$$H = \frac{V_料 + V_3 - (V_1 + V_2)}{A} + (0.5 \sim 1.0) \tag{4-20}$$

式中 V_3——在加料室内导柱的体积（cm^3）。

与图 4-20（d）一样，也可以不扣除凸模的凹入部分的体积 V_2，这时加料室的高度尺寸按照下式计算较为保险

$$H = \frac{V_料 + V_3 - V_1}{A} + (0.5 \sim 1.0) \tag{4-21}$$

（3）多型腔压缩模加料室高度计算

图 4-20（f）所示为多型腔压缩模，其加料室的高度尺寸为

$$H = \frac{V_料 - nV_d}{A} + (0.5 \sim 1.0) \tag{4-22}$$

式中 V_d——单个型腔能容纳的塑料体积（cm^3）；

n——在一个共用加料室内压制的塑件数量。

对于压缩比特别大的以碎布或纤维为填料的塑件，为了降低加料室高度，可以采取分次加料的方法，即在第一次加料后进行压缩，然后再进行第二次加料、再压缩，直到将所需物料全部加完为止。也可以采用预压锭加料，这时加料室的高度可以适当降低。

4.3.4 导向机构

导向机构由导柱和导套等零件组成，作用是在开模和闭模过程中保证凸模的运动方向与加压方向平行，避免凸、凹模边缘碰伤；保证顶出机构按照正确方向运动，并在顶出时可承受一部分侧向力。此外，通过导柱位置的恰当布置，还可以起到定位作用。

压缩模导向机构最常用的零件是在上模设导柱，在下模设导柱孔。导柱孔一般分为带导套和不带导套两类。对于移动式压缩模，一般不需要导套，导柱直接与模板中的导柱孔配合；对于固定式压缩模，精度要求高，需要设计导套，并使导柱在模具中的固定孔与导套固定孔一样大小，为了保证同轴度，两孔可以同时加工。

与注射模相比，压缩模导向机构具有如下特点。

① 除溢式压缩模的导向单靠导柱完成以外，半溢式和不溢式压缩模的凸模与加料室的配合段也能起到导向和定位作用，一般加料室上段设计有 10mm 的锥形部分称为导向环，因此对中性更好。

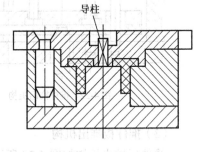

② 压制中央带大孔的壳体塑件时，为了提高塑件质量，可以在孔中央安置导柱，导柱四周留出挤压边的宽度（2～5mm）。由于导柱部分不需要施加成型压力，这时所需要的压制总成型压力比不设中心导柱时可以降低一些，孔四周的毛边也薄了，如图 4-21 所示。中央导柱装在下模，其头部应高于加料室 5～8mm。

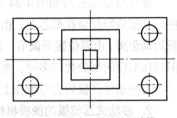

图 4-21 带中央导柱的压缩模

③ 由于压缩模在高温下操作，因此一般不采用带加油槽的加油导柱。

4.3.5 脱模机构

脱模机构的作用是推出留在凹模内或凸模上的塑件。设计时应根据塑件的形状和所选用的压力机等采用不同的脱模机构。

1. 固定式压缩模的脱模机构

固定式压缩模常用的脱模机构有推杆推出机构、推管推出机构、推件板推出机构等，这些推出机构设置在下模部分，适用于开模后塑件滞留在下模的情况。

（1）推杆推出机构

推杆推出机构如图4-22所示。由于常用的热固性塑料具有良好的刚性，因此，推杆推出机构是压制热固性塑件最常用的推出机构。该机构制造简便，更换方便，推出效果好，但在塑件上会留下推杆痕迹。

（2）推管推出机构

推管推出机构如图4-23所示。主要用于推出圆筒形塑件，比推杆推出机构复杂，型芯固定方式要恰当。该机构的特点是塑件受力均匀，运动平稳可靠。

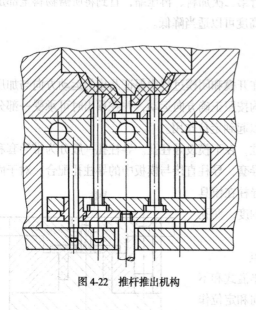

图 4-22 推杆推出机构

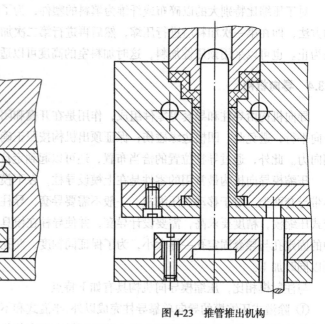

图 4-23 推管推出机构

（3）推件板推出机构

推件板推出机构如图4-24所示。主要用于推出脱模时容易变形的薄壁塑件和管型、壳体塑件。开模后塑件留在型芯上，由于压缩模的型芯多设在上模，因此，推件板也多装在上模。推件板运动距离 l 由限位螺母调节。该机构的特点是推出平稳，推出力大，推出面积较大，稳定可靠。但当压缩模的型腔数较多时，推件板可能由于不均匀热膨胀而卡死在凸模上。

有些塑件开模后会滞留在上模，这时为了脱模可靠，需要将推出机构设置在上模部分。

2. 移动式压缩模的脱模机构

最简单的移动式压缩模可以用撞击的方法脱模，即在特定的支架上将模具按顺序撞开，然后用手工或简易工具取出塑件。但是，该方法的工作条件差，劳动强度大，而且频繁的撞击会使模具变形和磨损，所以这种脱模方法在生产中应用得越来越少。

移动式压缩模普遍应用的脱模方式是采用卸模架，利用压力机的压力推出塑件，虽然生产率低，但是开模平稳，模具使用寿命长，并可以减轻劳动强度。对于开模力不大的模具，一般是用下卸模架，如图 4-25 所示；对于开模力较大的模具，要用上下卸模架，如图 4-26 所示。分模推杆和推件推杆分别装在上、下卸模架固定板上，推杆有圆柱形、台阶形和梯形。

卸模架的结构形式有以下几种。

（1）单分型面压缩模的卸模架

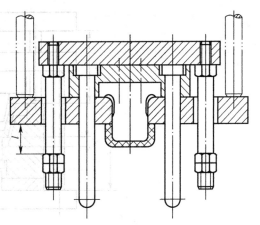

图 4-24　推件板推出机构

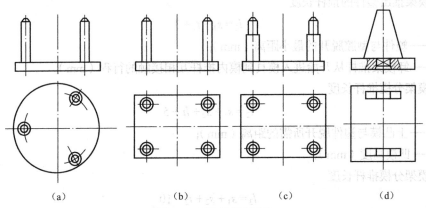

　（a）　　　　　（b）　　　　　（c）　　　　　（d）

图 4-25　下卸模架的形式

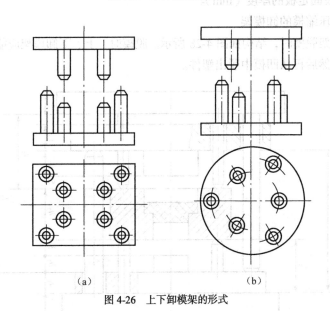

　　　（a）　　　　　　　　　（b）

图 4-26　上下卸模架的形式

采用上下卸模架脱模时，结构如图 4-27 所示。

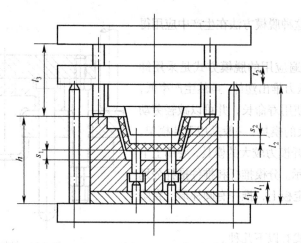

图 4-27　单分型面压缩模的卸模架

下卸模架推出塑件的推杆长度

$$l_1 = s_1 + t_1 + 3 \tag{4-23}$$

式中　s_1——塑件与型腔脱开的最小距离（mm）；

　　　t_1——卸模架推杆从开始进入模具到模内推杆互相接触的行程（mm）。

下卸模架分模推杆长度

$$l_2 = s_1 + s_2 + h + 5 \tag{4-24}$$

式中　s_2——上凸模与塑件脱开所需的距离（mm）；

　　　h——凹模高度（mm）。

上卸模架分模推杆长度

$$l_3 = s_1 + s_2 + t_2 + 10 \tag{4-25}$$

式中　t_2——上凸模固定板的厚度（mm）。

（2）双分型面压缩模的卸模架

采用上下卸模架脱模时，结构如图 4-28 所示。脱模时，上、下卸模架应能将上凸模、下凸模和凹模三者分开，然后再从凹模中脱出塑件。

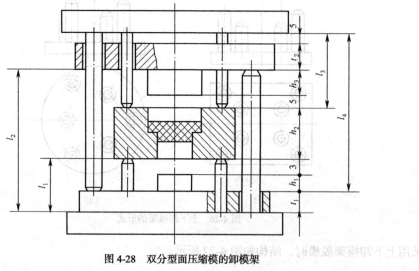

图 4-28　双分型面压缩模的卸模架

下卸模架短推杆的长度

$$l_1 = t_1 + h_1 + 3 \tag{4-26}$$

式中　t_1——下凸模底板厚度（mm）；

　　　h_1——下凸模必须与凹模脱开的最小距离（mm）。

下卸模架长推杆的长度

$$l_2 = t_1 + h_1 + h_2 + h_3 + 8 \tag{4-27}$$

式中　h_2——凹模高度（mm）；

　　　h_3——上凸模必须与凹模脱开的最小距离（mm）。

上卸模架短推杆的长度

$$l_3 = h_3 + t_2 + 10 \tag{4-28}$$

式中　t_2——上凸模固定板的厚度（mm）。

上卸模架长推杆的长度

$$l_4 = h_1 + h_2 + h_3 + t_2 + 13 \tag{4-29}$$

（3）瓣合式凹模的卸模架

采用上下卸模架脱模时，结构如图 4-29 所示。脱模时，上、下卸模架应能将上凸模、下凸模、模套和凹模分开，塑件留在瓣合凹模内，再打开瓣合凹模取出塑件。上、下卸模架都装有长短不等的两类推杆，分模后瓣合凹模卡在上、下卸模架的短推杆之间，上、下凸模和模套被分别推开。

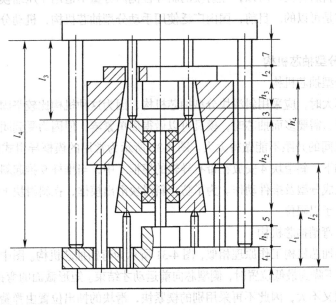

图 4-29　瓣合式凹模的卸模架

下卸模架短推杆的长度

$$l_1 = t_1 + h_1 + 5 \tag{4-30}$$

式中　t_1——下凸模固定板厚度（mm）；

　　　h_1——下凸模必须与瓣合凹模脱开的最小距离（mm）。

这里假设中间主型芯有锥度，因此只需抽出（h_1+5）mm 的距离，塑件便可以从主型芯上松开。锥形瓣合凹模的小端与模套齐平，由下模架的推杆顶起模套和上凸模。

下卸模架长推杆的长度

$$l_2 = h_1 + h_2 + t_1 + h_3 - h_s + 8 \tag{4-31}$$

式中　h_2——瓣合凹模高度（mm）；

$\quad\quad h_3$——上凸模必须与瓣合凹模脱开的最小距离（mm）；

$\quad\quad h_s$——塑件的高度（mm）。

上卸模架短推杆的长度

$$l_3 = h_3 + t_2 + 10 \tag{4-32}$$

式中　t_2——上凸模固定板的厚度（mm）。

上卸模架长推杆的长度

$$l_4 = h_1 + h_2 + h_3 + t_2 + 15 \tag{4-33}$$

由以上各例可以看出，卸模架长推杆的长度可以根据模具的分模要求进行计算，同一分型面上所使用的推杆高度必须相等，以免因推出偏斜而损坏压缩模或塑件。

用卸模架卸模的移动式压缩模必须安装手柄，以便操作者在卸模过程中搬动和翻转高温的模具。

4.3.6　侧向分型抽芯机构

压缩模与注射模在侧向分型或抽芯机构方面相似，但不完全相同。注射模是先合模后注入塑料，压缩模是加料后合模，所以，注射模的斜导柱侧向分型不适用于压缩模，但是斜导柱用于压缩模的侧向抽芯是可以的。目前，国内广泛使用手动分型抽芯机构，机动分型抽芯机构仅用于大批量生产。

1. 机动侧向分型抽芯机构

（1）斜滑块分型抽芯机构

当抽芯距离不大时，应采用斜滑块分型抽芯机构，因为这种机构比较坚固，抽芯和分型两个动作可以同时进行，需要多面抽芯时，模具可以做得简单紧凑，但因为受到闭模高度和分模距离的限制，斜滑块之间的开距不能做得太大。图 4-30 所示为常用的模框导滑式斜滑块分型抽芯机构，其动作原理如下：斜滑块 4 安放在带有导轨的模框 7 中，当推杆 9 推起斜滑块时，斜滑块即开始分离，同时完成分型及推件动作。为了防止斜滑块滑出模框，在斜滑块上开一长槽，并在模框上加定位螺钉 5 予以限位。

（2）斜导柱、弯销抽芯机构

斜导柱和弯销抽芯机构工作原理相似，图 4-31 所示为弯销抽芯机构。图中矩形滑块 4 上有两个侧型芯，在凸模下降到最低位置时，侧型芯向前运动才结束。矩形截面的弯销 2 有足够的刚度，而侧型芯的断面积又不大，因此不再采用别的楔紧快，滑块的抽出位置由弹簧和限位块 3 定位。

2. 手动模外分型抽芯机构

目前，压缩模还大量使手动模外分型抽芯，这种分型抽芯方式的优点是模具结构简单、可靠；缺点是劳动强度大、效率低。图 4-32 所示为手动模外分型抽芯的压缩模。

该压缩模所压制的塑件内外均有螺纹。凹模 5 由两半组成，由模套 3 紧固。塑件的内螺纹靠上型芯 6、下型芯 8 成型，外螺纹由凹模 5 成型。由于上型芯和下型芯头部均带有内六角孔，开模时，首先用扳手旋出上型芯，凹模连同塑件及下型芯由模外卸模架推出，再松开下型芯 8，取出塑件。

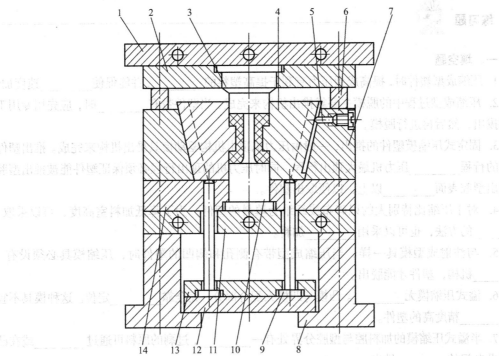

1—上模座板；2—凸模固定板；3—上凸模；4—斜滑块；5—定位螺钉；6—承压板；7—模框；8—支架；
9—推杆；10—下凸模；11—支承板（加热板）；12—推板；13—推杆固定板；14—凸模固定板

图 4-30 压缩模斜滑块分型抽芯

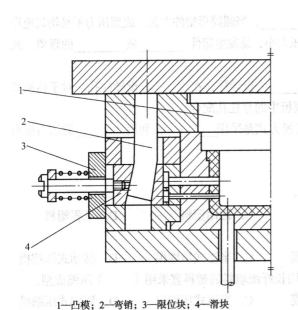

1—凸模；2—弯销；3—限位块；4—滑块

图 4-31 压缩模弯销侧抽芯

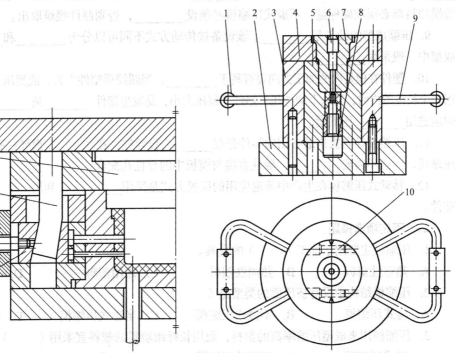

1—套筒；2—下模座板；3—模套；4—上模固定板；5—凹模；
6—上型芯；7—凸模；8—下型芯；9—手柄；10—导销

图 4-32 手动模外分型抽芯的压缩模

练习题

一、填空题

1. 压缩成型塑件时,提高成型压力有利于提高塑料的_____,并能促使_____速度加快。

2. 压缩成型过程中的脱模主要靠推出机构来完成,当塑件带有_____时,应先用专用工具将其拔出,然后再进行脱模。

3. 固定式压缩模塑件的推出,一般由压力机顶出机构驱动模具推出机构来完成。推出塑件所需要的行程_____压力机最大顶出行程,同时压力机的顶出行程必须保证塑件能被推出型腔,并高出型腔表面_____以上,以便取出塑件。

4. 对于压缩比特别大的以碎布或纤维为填料的塑件,为了降低加料室高度,可以采取_____的方法,也可以采用_____加料。

5. 与注射成型模具一样,当压缩成型带有侧孔和侧凹的塑件时,压缩模具必须设有_____机构,塑件才能脱出。

6. 溢式压缩模无_____。凸模与凹模无配合部分,完全靠_____定位。这种模具不宜成型_____精度高的塑件。

7. 半溢式压缩模的加料腔与型腔分界处有一_____,过剩的原料可通过_____或在凸模上开设专门的_____排出。

8. 不溢式压缩模的加料腔为其型腔上部截面的延续,无_____,凸模与凹模每边大约_____的间隙。由于不溢式压缩模的_____很少,加料量将直接影响制件的高度尺寸,所以每模加料都必须准确称量。不溢式压缩模必须设_____,否则制件很难取出。

9. 压缩成型的设备是_____,该设备按传动方式不同可以分为_____和_____。压缩成型中一般采用_____。

10. 塑件在模具内的加压方向要有利于_____,当圆筒形塑件太长,成型压力不易均匀地作用到全长范围内时,若从上端加压,塑件下部压力小,易发生塑件_____或_____的现象,此时应选用_____压缩模。

11. 压缩模导向机构最常用的零件是在_____设导柱,在_____设导柱孔。对于移动式压缩模,一般不需要_____,导柱直接与模板中的导柱孔配合。

12. 移动式压缩模在生产中普遍应用的脱模方式是采用_____,利用_____的压力推出塑件。

二、不定项选择题

1. 压缩模主要用于加工（　　　）的模具。

A. 热塑性塑料　　　　B. 热固性塑料　　　　C. 通用塑料　　　　D. 工程塑料

2. 压缩模结构中没有挤压面的类型是（　　　）。

A. 溢式压缩模　　　　B. 不溢式压缩模　　　　C. 半溢式压缩模　　　　D. 移动式压缩模

3. 压缩模用来成型压缩率高的塑料,而用长纤维填料的塑料宜采用（　　　）压缩成型。

A. 溢式压缩模　　　　B. 不溢式压缩模　　　　C. 半溢式压缩模　　　　D. 固定式压缩模

4. 压缩模与注射模的结构区别之一在于压缩模有（　　　）,没有（　　　）。

A. 成型零件　加料室　　　　　　　　　　B. 导向机构　加热系统

C. 加料室　支承零部件　　　　　　　　D. 加料室　浇注系统

5. 压缩时间是指模具从闭合到模具开启的一段时间，与下列（　　　）因素有关。

A. 塑件种类　　　　B. 塑件形状　　　　C. 成型压力　　　　D. 成型温度

6. 压力机的顶出机构与压缩模脱模机构通过（　　　）固定连接在一起。

A. 顶杆　　　　　　B. 顶板　　　　　　C. 尾轴　　　　　　D. 托板

7. 在确定塑件在压缩模具内加压方向时，一般应考虑以下（　　　）因素。

A. 有利于压力的传递　　　　　　　　　B. 保证凹模强度

C. 便于塑料的流动　　　　　　　　　　D. 使长型芯位于加压方向

8. 半溢式压缩模的凸模与凹模间配合的最大特点是有（　　　）。

A. 水平挤压面　　　　　　　　　　　　B. 垂直挤压面

C. 45°方向挤压面　　　　　　　　　　D. 脱模方向的配合

9. 热固性塑料的固化，是指在压缩成型温度下保持一段时间，以保证其性能达到最佳状态。固化过程必须注意（　　　）。

A. 排气　　　　　　B. 固化速度　　　　C. 固化程度　　　　D. 加料

10. 压缩成型嵌件较多的塑件，不应采用（　　　）压缩模。

A. 移动式　　　　　B. 半固定式　　　　C. 固定式　　　　　D. 溢式

三、判断题

1. 压缩模与注射模在侧向分型或抽芯机构方面相似，所以，注射模的斜导柱侧向分型也适用于压缩模。　　　　　　　　　　　　　　　　　　　　　　　　　　　　　　　（　　　）

2. 压缩成型温度是指压缩成型时所需要的塑料温度。　　　　　　　　　　　　（　　　）

3. 热固性塑料压缩成型需要在较高温度下进行，因此模具必须加热。常见的加热方式有：电加热、蒸汽加热、煤气或天然气加热，但电加热最为普遍。　　　　　　　　　　　（　　　）

4. 在压缩成型厚度较大的塑件时，往往不是提高温度，而是在降低温度的前提下延长压缩时间。　　　　　　　　　　　　　　　　　　　　　　　　　　　　　　　　　　（　　　）

5. 不溢式压缩模结构简单，塑件容易取出，安装嵌件方便，适用于成型扁平的塑件，特别是对强度和尺寸无严格要求的塑件。　　　　　　　　　　　　　　　　　　　　　　（　　　）

6. 如果要保证压缩模开模可靠，必须使开模力大于压力机液压缸的回程力。　　（　　　）

7. 设计压缩模时，对于无论从正面或反面加压都能成型的塑件，将凹模做得越简单越好。

　　　　　　　　　　　　　　　　　　　　　　　　　　　　　　　　　　　　（　　　）

8. 压缩热固性塑料时，在模具闭合后，通常需排气 1～2 次，目的是排除水分、挥发物和化学反应产生的低分子副产物。　　　　　　　　　　　　　　　　　　　　　　　　（　　　）

9. 当塑件径向尺寸精度要求较高时，应考虑飞边厚度对塑件精度的影响。如果塑件取垂直分型面，则因为飞边厚度不易控制而影响塑件精度。　　　　　　　　　　　　　　　（　　　）

10. 溢式压缩模、半溢式和不溢式压缩模的导向除了依靠导柱完成以外，它们的凸模与加料室的配合段也能起到导向和定位作用。　　　　　　　　　　　　　　　　　　　　　（　　　）

四、问答题

1. 压缩成型的原理是什么，有什么特点，其主要工艺参数有哪些？

2. 压缩成型工艺过程可分为哪几个阶段？

3. 压缩成型模具包括几部分，由哪些零件组成，分别有什么作用？

4. 压缩成型模具可以分为哪几类，各有什么特点？

5. 确定加压方向时，一般应考虑哪些因素？

6. 溢式压缩模、半溢式压缩模、不溢式压缩模的凸、凹模配合结构的设计要求有哪些？

7. 对于半溢式和不溢式压缩模应怎样确定加料室的高度尺寸？

8. 导向机构的作用是什么，具有哪些特点？

9. 脱模机构的作用是什么，有哪些类型？

第5章

压注成型工艺与模具结构

压注成型也称为传递成型，是在克服了压缩成型的缺点，又吸收了注射成型的优点的基础上发展起来的一种加工方法，主要用于热固性塑料的加工成型。压注成型要求塑料在未达到硬化温度以前应具有较大的流动性，而达到硬化温度以后，又要具有较快的硬化速度。符合这种要求的塑料包括：酚醛、三聚氰胺、环氧树脂等。而不饱和聚酯和脲醛塑料，因为在低温下具有较大的硬化速度，所以不能压注成型较大的塑件。

5.1 压注成型原理和工艺过程

5.1.1 压注成型原理和特点

1. 压注成型原理

压注成型原理如图5-1所示。压注模具设有单独的加料室，模具闭合后，将固态的热固性塑料原料（最好预压成锭或经过预热）放到模具的加料室中，如图5-1（a）所示；使原料受热成为熔融状态，在压力机柱塞压力作用下，塑料熔体经过浇注系统进入并充满闭合型腔，如图5-1（b）所示；塑料在型腔内继续受热受压产生化学交联反应而固化定型，最后打开模具取出塑件，如图5-1（c）所示。

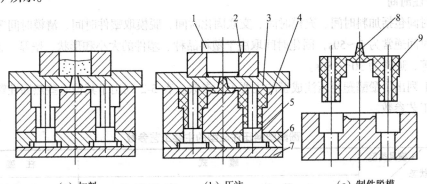

(a)加料 (b)压注 (c)制件脱模

1—压注柱塞；2—加料室；3—上模座；4—凹模；5—凸模；6—凸模固定板；
7—下模座；8—浇注系统凝料；9—制件

图5-1 压注成型原理

2. 压注成型的特点

① 压注成型前模具已经闭合，塑料在加料室中加热和熔融，能很快均匀地热透和硬化，所以，

塑件制品性能均匀密实，强度高。

② 由于成型物料在进入型腔前已经塑化，所以能够生产外形复杂、薄壁或壁厚变化很大、带有精细嵌件的塑件。

③ 压注成型的溢料比压缩成型的要少，而且飞边厚度薄，容易去除，所以塑件的尺寸精度高，表面粗糙度也较低。

④ 塑料在模具内的保压硬化时间较短，缩短了成型周期，生产效率高，模具磨损也较小。

⑤ 压注成型所用模具结构复杂，模具制造成本高。

⑥ 由于浇注系统的存在，压注成型的塑料浪费较大，因为塑件有浇口痕迹，所以修整工作量大。

⑦ 压注成型的工艺条件比压缩成型的工艺条件要求更严格，操作难度更大。

3. 压注成型工艺过程

压注成型的工艺过程与压缩成型基本相似，它们的主要区别在于：压缩成型是先加料后合模，而压注成型是先合模后加料。

5.1.2 压注成型工艺参数

压注成型工艺参数主要是指压注成型压力、压注成型温度和压注时间。

1. 压注成型压力

压注成型压力是指压力机通过压柱或柱塞对加料室塑料熔体施加的压力。由于熔体通过浇注系统时会有压力损失，所以压注成型压力一般为压缩成型压力的2～3倍。例如，酚醛塑料粉和氨基塑料粉的压注成型压力通常为50～80MPa，更高的可达100～200MPa；有纤维填料的塑料为80～160MPa；环氧树脂、硅酮等低压封装塑料为2～10MPa。

2. 压注成型温度

压注成型的模具温度通常要比压缩成型的温度低15℃～30℃，一般为130℃～190℃，这是因为塑料通过浇注系统时能从摩擦中取得一部分热量。加料室和下模的温度要低一些，而中框的温度要高一些，这样可以保证塑料进入通畅而不会出现溢料现象，同时也可以避免塑件出现缺料、起泡、接缝等缺陷。

3. 压注时间

压注时间包括加料时间、充模时间、交联固化时间、脱模取塑件时间、清模时间等。压注成型的充模时间通常为5～50s，固化时间取决于塑料品种、塑件的大小和形状、壁厚、预热条件、模具结构等，通常为30～180s。

表5-1列出了酚醛塑料压注成型的主要工艺参数。表5-2列出了其他一些热固性塑料压注成型的主要工艺参数。

表5-1　　　　　　　　　　　　　　酚醛塑料压注成型的主要工艺参数

模具类型 物料状态 工艺参数	罐　式		柱　塞　式
	未　预　热	高　频　预　热	高　频　预　热
预热温度（℃）	—	100～110	100～110
成型压力（MPa）	160	80～100	80～100
充模时间（min）	4～5	1～1.5	0.25～0.33
固化时间（min）	8	3	3
成型周期（min）	12～13	4～4.5	3.5

表 5-2　部分热固性塑料压注成型的主要工艺参数

塑　料	填　料	成型温度（℃）	成型压力（MPa）	压缩率	成型收缩率（%）
环氧双酚A模塑料	玻璃纤维	138～193	7～34	3.0～7.0	0.001～0.008
	矿物填料	121～193	0.7～21	2.0～3.0	0.0002～0.001
环氧酚醛模塑料	矿物和玻璃纤维	121～193	1.7～21	—	0.004～0.008
	矿物和玻璃纤维	190～196	2～17.2	1.5～2.5	0.003～0.006
	玻璃纤维	143～165	17～34	6～7	0.0002
三聚氰氨	纤维素	149	55～138	2.1～3.1	0.005～0.15
酚醛	织物和回收料	149～182	13.8～138	1.0～1.5	0.003～0.009
聚酯（BMC、TMC[①]）	玻璃纤维	138～160	—		0.004～0.005
聚酯（SMC、TMC）	导电护套料[②]	138～160	3.4～14	1.0	0.0002～0.001
聚酯（BMC）	导电护套料	138～160			0.0005～0.004
醇酸树脂	矿物质	160～182	13.8～138	1.8～2.5	0.003～0.010
聚酰亚胺	50%玻璃纤维	199	20.7～69	—	0.002
脲醛塑料	α-纤维素	132～182	13.8～138	2.2～3.0	0.006～0.014

① TMC 指黏稠状模塑料；

② 在聚酯中添加导电性填料和增强材料的电子材料，用于工业用护套料。

5.2　压注成型模具概述

5.2.1　压注成型模具的结构组成

压注成型模具简称压注膜。图 5-2 所示为典型的固定式压注模结构。

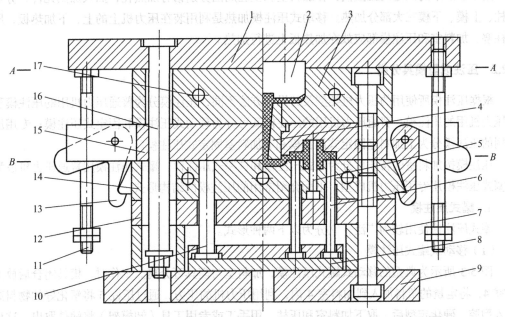

1—上模座板；2—压柱；3—加料室；4—浇口套；5—型芯；6—推杆；7—垫块；8—推板；
9—下模座板；10—复位杆；11—拉杆；12—支承板；13—拉钩；14—下模板；
15—上模板；16—定距导柱；17—加热器安装孔
图 5-2　压注模的结构

该压注模由压柱、上模、下模三大部分组成，打开上分型面 $A—A$ 面取出主流道凝料并清理加料室，打开下分型面 $B—B$ 面取出塑件和分流道凝料。

压注模的具体结构可以分为以下几个部分。

1. 成型零件

直接与塑件接触的那部分零件，包括凹模、凸模、型芯等，如图 5-2 中 5、14、15 号件。

2. 加料装置

由加料室 3 和压柱 2 组成，移动式压注模的加料室和模具本体是可分离的，开模前先取下加料室，然后开模取出塑件。固定式压注模加料室与模具在一起，是在上模部分，加料时可以与压柱部分定距分型。

3. 浇注系统

压注模浇注系统与注射模相似，主要由主流道、分流道和浇口组成。

4. 导向机构

导向机构由导柱、导套组成，起定位、导向作用。在柱塞与加料室之间、型腔分型面之间都应设有导向机构。

5. 侧向分型与抽芯机构

如果塑件中有侧孔或侧凹，则必须采用侧向分型与抽芯机构，与注射模和压缩模基本相同。

6. 脱模机构

在图 5-2 中，脱模机构由推杆 6、推板 8、复位杆 10 组成。由拉钩 13、定距导柱 16、可调拉杆 11 等组成的两次分型机构是为了加料室分型面和塑件分型面先后打开而设计的，也在脱模机构之内。

7. 加热系统

图 5-2 所示的固定式压注模，在加料室和型腔周围分别钻有加热孔，插入加热元件，分别对压柱、上模、下模三大部分加热。移动式压注模加热是利用装在压力机上的上、下加热板，压注前柱塞、加料室和压注模都应放在加热板上进行加热。

5.2.2 压注成型模具分类

根据压注模所使用的压力机类型及其操作方法不同，压注模分为普通压力机用的压注模和专用压力机用的压注模。普通压力机用的压注模又可分为移动式压注模和固定式压注模；专用压力机用的压注模分为上加料室固定式压注模和下加料室固定式压注模。

压注模按加料室的特征可分为罐式压注模和柱塞式压注模，罐式压注模用普通压力机成型，柱塞式压注模用专用压力机成型。下面介绍常用的压注模的结构形式。

1. 罐式压注模

罐式压注模使用较为广泛，它分为以下两种形式。

（1）移动式罐式压注模

图 5-3 所示为典型的移动式罐式压注模，加料室与模具可分离。工作时，模具闭合后放上加料室 4，将定量的塑料加入到加料室 4 内，利用压力机的压力，通过压柱 5 将塑化好的物料高速挤入型腔，硬化定型后，取下加料室和压柱，用手工或专用工具（卸模架）将塑件取出。这种模具对成型设备没有特殊的要求，可以在任何形式的普通的压力机上使用。

（2）固定式罐式压注模

图 5-2 所示为固定式罐式压注模，加料室在模具的内部，与模具不能分离，用普通的压力机

就可以使塑件成型。开模时，压柱随上模座板移动，*A* 分型面分型，加料室敞开，压柱 2 把浇注系统的凝料从浇口套中拉出，当上模座板上升到一定高度时，拉杆 11 上的螺母迫使拉钩 13 转动，使之与下模部分脱开，接着定距导柱 16 起作用，使 *B* 分型面分型，最后由推出机构将塑件推出。合模时，复位杆使脱模机构复位，拉钩 13 靠自重将下模部分锁住。

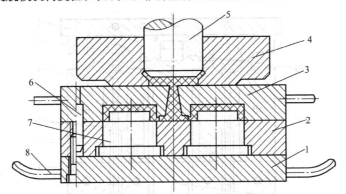

1—下模板；2—凸模固定板；3—凹模；4—加料室；5—压柱；6—导柱；7—型芯；8—手把
图 5-3　移动式罐式压注模

2. 柱塞式压注模

柱塞式压注模与罐式压注模相比，柱塞式压注模没有主流道，只有分流道，主流道变为圆柱形的加料室，与分流道相通。成型时，柱塞所施加的挤压力对模具不起锁模的作用，因此，需要采用专用的压力机。这种专用压力机有两个液压缸：主液压缸和辅助液压缸。主液压缸起锁模作用，辅助液压缸起压入成型作用。柱塞式压注模既可以是单腔的也可以一模多腔。

上加料室式压注模如图 5-4 所示。压力机的锁模液压缸在压力机的下方，自下而上合模，辅助液压缸在压力机的上方，自上而下将物料挤入模腔。合模加料后，当加入加料室内的塑料受热成熔融状时，压力机辅助液压缸工作，柱塞将熔融塑料挤入型腔，固化成型后，辅助液压缸带动柱塞上移，锁模液压缸带动下工作台将模具分型开模，塑件与浇注系统凝料留在下模，推出机构将塑件从凹模镶块 5 中推出。上加料室式压注模成型时所需的挤压力小，成型质量好。

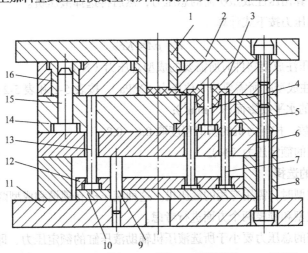

1—加料室；2—上模座板；3—上模板；4—型芯；5—凹模镶块；6—支承板；7—推杆；
8—垫块；9—推板导柱；10—推板；11—下模板；12—推杆固定板；
13—复位杆；14—下模板；15—导柱；16—导套
图 5-4　上加料室式压注模

下加料室式压注模如图5-5所示。模具所用压力机的锁模液压缸在压机的上方，自上而下合模，辅助液压缸在压力机的下方，自上而下将物料挤入型腔。下加料室式压注模与上加料室式压注模的主要区别在于它是先加料，后合模，最后压注成型；而上加料室柱塞式压注模是先合模，后加料，最后压注成型。由于余料和分流道凝料与塑件一同推出，因此，下加料室式压注模清理方便，节省材料。

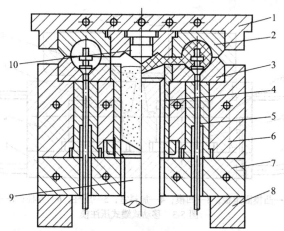

1—上模座板；2—上凸模；3—下凹模；4—加料室；5—推杆；6—下模板；
7—支承板；8—垫块；9—柱塞；10—分流锥
图5-5 下加料室式压注模

5.2.3 压注成型设备

压注成型的设备是液压机，压注模必须装配在液压机上才能进行压注成型工作。压注成型所用液压机分为普通液压机和专用液压机，选用时必须了解液压机的技术规范和使用性能，这样才能使模具顺利地安装在设备上。

1. 普通液压机的选择

罐式压注模压注成型所用的设备主要是塑料成型用液压机。选择液压机时，要根据所用塑料及加料室的截面积计算出压注成型所需的总压力，然后再选择液压机。

压注成型时的总压力按下式计算

$$F = pA \leqslant KF_P \tag{5-1}$$

式中　F——用模具压注成型塑件时所需要的成型总压力（N）；

　　　p——塑料压注成型时所需要的单位压力（MPa），按表5-1和表5-2选取；

　　　A——加料室的水平投影面积（mm^2）；

　　　K——修正系数，按压力机的新旧程度取0.6~0.8；

　　　F_P——液压机的额定压力（N）。

2. 专用液压机的选择

柱塞式压注模成型时，需用专用的液压机。这种液压机有锁模和成型两个液压缸，因此在选择设备时，就要从成型和锁模两个方面进行考虑。

压注成型时所需的总压力要小于所选液压机辅助液压缸的额定压力，即

$$pA \leqslant KF' \tag{5-2}$$

式中　p——塑料压注成型时所需要的单位压力（MPa），按表5-1和表5-2选取；

　　　A——加料室的水平投影面积（mm^2）；

K——液压机辅助液压缸的压力损耗系数，一般取 0.6～0.8；

F'——液压机辅助液压缸的额定压力（N）。

锁模时，应有足够的锁模力，以保证型腔内压力不会将分型面顶开。所需要的锁模力应小于液压机主液压缸的额定压力（一般均能满足），即

$$pA_1 \leqslant KF_{\mathrm{P}} \tag{5-3}$$

式中 A_1——浇注系统与型腔在分型面上投影面积之和（mm^2）；

F_{P}——液压机主液压缸的额定压力（N）。

5.3 压注模成型零部件的结构

压注模的很多零部件的结构与注射模、压缩模相似，可以参照上述两类模具的结构设计方法进行设计，本节仅介绍压注模特有的零部件结构。

5.3.1 加料室的结构

压注模与注射模不同之处在于它有加料室。压注成型之前塑料必须加入到加料室内，进行预热、加压，才能压注成型。由于压注模的结构不同，所以加料室的形式也不相同。

加料室截面形状大多为圆形和矩形，这主要取决于模腔结构及数量，加料室定位及固定形式取决于所选设备。

1. 罐式压注模的加料室

（1）移动式罐式压注模的加料室

移动式压注模的加料室可单独取下，有一定的通用性，其结构如图 5-6 所示。

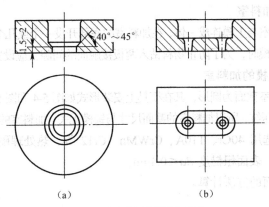

（a）　　　　　　　　　（b）

图 5-6　移动式压注模的加料室

加料室的底部为带有 40°～45° 斜角的台阶，当压柱向加料室内的塑料施压时，压力也作用在台阶上，从而将加料室紧紧地压在模具的模板上，以防止塑料从加料室的底部溢出，也可防止溢料飞边的产生。

图 5-6 和图 5-7 所示为加料室在模具上的定位方式。

a. 无定位方式。图 5-6 所示的加料室与模板之间没有定位关系，加料室的下表面和模板的上表面均为平面，这种加料室的特点是制造简单，清理方便，使用时目测加料室基本在模具中心即可，适合于小批量生产。

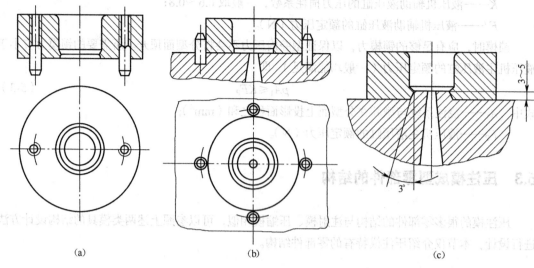

图 5-7　移动式压注模加料室的定位

　　b. 销钉定位。如图 5-7（a）所示，在加料室的下端底面装上 2～3 个销钉，在上模板相应位置加工出定位孔，销钉与定位孔采用间隙配合。这种结构的加料室与模板能精确配合，缺点是拆卸和清理不方便。

　　c. 外形定位。如图 5-7（b）所示，在上模板上装有 4 个圆柱挡销，其定位圆尺寸等于加料室外径尺寸。这种结构的特点是制造和使用都比较方便。

　　d. 凸台定位。如图 5-7（c）所示，在上模板上加工出一个 3～5mm 凸台，与加料室进行配合，这种结构既可以准确定位又可防止溢料，应用比较广泛。

　　（2）固定式压注模加料室

　　固定式压注模的加料室与上模连成一体，在加料室的底部开设一个或几个流道通向型腔。当分别在两块板上加工加料室和上模时，为了防止物料钻入两板接触面的间隙，应设置浇口套，如图 5-2 所示。

　　2. 柱塞式罐式压注模的加料室

　　柱塞式压注模的加料室截面为圆形，其在模具上安装形式如图 5-4 和图 5-5 所示。由于采用专用液压机，液压机上有锁模液压缸，所以加料室的截面尺寸与锁模无关，加料室的截面尺寸较小，高度较大。

　　加料室的材料一般选用 40Cr、T10A、CrWMn、Cr12 等，热处理硬度为 52HRC～56HRC，加料室内腔应镀铬抛光，表面粗糙度 $Ra \leqslant 0.4\mu m$。

　　加料室的尺寸按下面的方法计算。

　　（1）加料室截面积

　　根据生产实际经验，对于罐式压注模，加料室的截面积可以按照下式计算

$$A = (1.1 \sim 1.25)A_1 \tag{5-4}$$

式中　A——加料室的水平投影面积（mm²）；

　　　　A_1——浇注系统与型腔在分型面上投影面积之和（mm²）。

对于柱塞式压注模，加料室截面积可以按照下式计算

$$A \leqslant \frac{KF'}{p} \tag{5-5}$$

式中　A——加料室的水平投影面积（mm²）；

F'——液压机辅助液压缸的额定压力（N）；

p——塑料压注成型时所需要的单位压力（MPa）；

K——系数，一般取 0.6～0.8。

（2）加料室的高度

加料室的高度尺寸按下式计算

$$H = \frac{V_s}{A} + (10\sim15)\text{mm} \tag{5-6}$$

式中　H——加料室的高度（mm）；

V_s——塑料原料的体积（mm³）；

A——加料室的水平投影面积（mm²）。

5.3.2　压柱的结构

压柱的作用是将塑料从加料室中压入型腔。

1. 罐式压注模的压柱

图 5-8 所示为常见的罐式压注模的压柱结构形式。图 5-8（a）所示为顶部与底部带倒角的圆柱形压柱，结构简单，加工方便，常用于移动式压注模；图 5-8（b）所示为带凸缘结构的压柱，承压面积大，压注时平稳，既可用于移动式压注模，又可用于固定式压注模；图 5-8（c）所示为组合式压柱，用于固定式压注模，当模板的面积较大时，常用此种结构；图 5-8（d）所示为带环形槽的压柱，在压注成型时，环形槽被溢出的塑料充满并固化在槽中，可防止塑料从间隙中溢出。

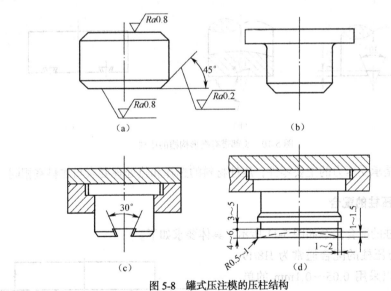

图 5-8　罐式压注模的压柱结构

2. 柱塞式压注模的压柱

图 5-9 所示为柱塞式压注模压柱（也称为柱塞）的结构。图 5-9（a）所示为柱塞的一般形式，其一端带有螺纹，可以直接旋合在液压机辅助液压缸的活塞杆上；图 5-9（b）所示的柱塞上有环型槽，可防止塑料从侧面溢出，头部的球形凹面可以使料流集中。

3. 头部带有楔形沟槽的压柱

压柱头部带有楔形沟槽，作用是成型后可以拉出主流道凝料，如图 5-10 所示。图 5-10（a）

所示结构用于直径较小的压柱；图 5-10（b）所示结构用于直径大于 75mm 的压柱；图 5-10（c）所示结构用于拉出几个主流道凝料的场合。

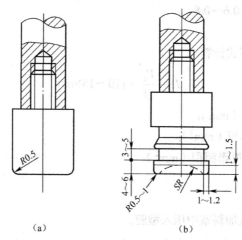

（a）　　　　　　　　　　（b）

图 5-9　柱塞式压注模的压柱结构

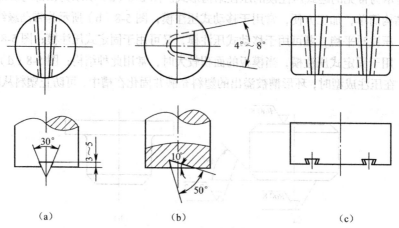

（a）　　　　　　　　（b）　　　　　　　　（c）

图 5-10　头部带有楔形构槽的压柱

压柱或柱塞是承受压力的主要零件，压柱材料的选择和热处理要求与加料室相同。

5.3.3　加料室与压柱的配合

加料室与压柱的配合关系如图 5-11 所示。具体要求如下。

① 加料室与压柱的配合通常为 H8/f9 或 H9/f9，也可以采用 0.05~0.1mm 的单边间隙配合。

② 压柱的高度 H_1 应比加料室的高度 H 小 0.5~1mm，以避免压柱直接压到模板上，底部转角处应留 0.3~0.5mm 的储料间隙。

③ 加料室与定位凸台的配合高度之差为 0~0.1mm，加料室底部倾角 $\alpha=40°~45°$。

表 5-3、表 5-4 所示为罐式压注模的加料

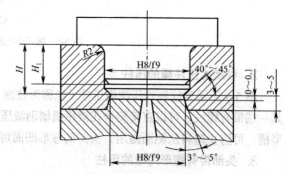

图 5-11　加料室与压柱的配合

室和压柱的推荐尺寸。

表 5-3		罐式压注模加料室的尺寸				单位：mm
简　　图	D	d	d_1	h	H
	100	$30^{+0.033}_{0}$	$24^{+0.033}_{0}$	$3^{+0.05}_{0}$	30 ± 0.2
		$35^{+0.039}_{0}$	$28^{+0.033}_{0}$		35 ± 0.2
		$40^{+0.039}_{0}$	$32^{+0.039}_{0}$		40 ± 0.2
	120	$50^{+0.039}_{0}$	$42^{+0.039}_{0}$	$4^{+0.05}_{0}$	40 ± 0.2
		$60^{+0.046}_{0}$	$50^{+0.039}_{0}$		40 ± 0.2

表 5-4		罐式压注模压柱的尺寸				单位：mm
简　　图	D	d	d_1	h	H
	100	$30^{-0.025}_{-0.072}$	$23^{0}_{-0.1}$	26.5 ± 0.1	20
		$35^{-0.025}_{-0.087}$	$27^{0}_{-0.1}$	31.5 ± 0.1	
		$40^{-0.025}_{-0.087}$	$31^{0}_{-0.1}$	36.5 ± 0.1	
	120	$50^{-0.025}_{-0.087}$	$41^{0}_{-0.1}$	35.5 ± 0.1	30
		$60^{-0.025}_{-0.104}$	$19^{0}_{-0.1}$	35.5 ± 0.1	

5.3.4　浇注系统

压注模的浇注系统与注射模的浇注系统相似，也是由主流道、分流道、浇口等部分组成。压注模典型的浇注系统如图 5-12 所示。

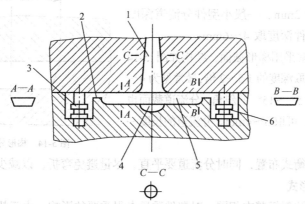

1—主流道；2—浇口；3—嵌件；4—冷料井；5—分流道；6—型腔

图 5-12　压注模浇注系统

1.　主流道的结构形式

压注模常用的主流道有正圆锥形、倒圆锥形和分流锥形 3 种形式，如图 5-13 所示。

图 5-13（a）所示为正圆锥形主流道，主流道有 6°～10° 的锥度，其大端与分流道相连，连接处应有半径 R 为 3～4mm 的过渡圆弧。正圆锥形主流道常用于多型腔模具，有时也设计成直接浇口的形式，用于流动性较差的塑料。

图 5-13（b）所示为倒圆锥形主流道，开模时，主流道与加料室中的残余废料可由压柱带出，这对主流道的清理很方便。这种流道既可用于一模多腔，又可用于单型腔模具，或者用于同一塑件有几个浇口的模具。这种主流道一般用于固定式罐式压注模，与端面带楔形槽的压柱配合使用。

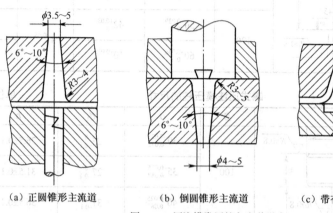

（a）正圆锥形主流道　　　（b）倒圆锥形主流道　　　（c）带有分流锥的主流道

图 5-13　压注模常用的主流道形式

图 5-13（c）所示为带有分流锥的主流道。当塑件较大或型腔距模具中心较远时，为了缩短流道的长度，减少流动阻力及节约原料，常采用这种主流道形式。当型腔沿圆周分布时，分流锥可采用圆锥形；当型腔按两排并列时，分流锥可做成矩形截锥形。分流锥与流道的间隙一般为 1～1.5mm。流道可以分布在分流锥表面，也可以在分流锥上开槽形成流道。

2. 分流道的结构形式

为了达到较好的传热效果，压注模的分流道一般都比较浅而宽，但是如果过浅，会使塑料过度受热而提前硬化，反而降低其流动性。所以分流道最浅处应不小于 2mm。一般小型件分流道深度取 2～4mm，大型塑件深度取 4～6mm。

压注模分流道最常采用梯形截面，结构如图 5-14 所示。分流道的宽度应取深度的 1.5～2 倍，最常见为 4～10mm。梯形每边应有 5°～15° 的斜角。分流道截面也有采用半圆形的半径，可取 3～4mm。分流道的长度一般不短于 10mm。

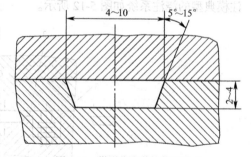

图 5-14　梯形分流道的截面形式

分流道应采用平衡式布置，同时分流道要平直，尽量避免弯折，以减少压力损失。

3. 浇口的结构形式

压注模的浇口与注射模基本相同，对塑件质量有很重要的影响。由于热固性塑料的流动性较差，所以压注模的浇口应取较大的截面尺寸。

（1）浇口的形式

常用的压注模浇口形式有圆形点浇口、侧浇口、扇形浇口、环形浇口、轮辐式浇口等几种形式，如图 5-15 所示。

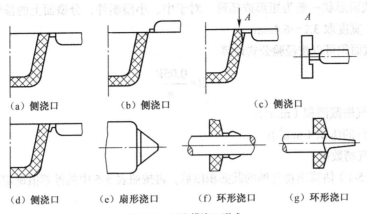

（a）侧浇口　　（b）侧浇口　　　（c）侧浇口

（d）侧浇口　　（e）扇形浇口　　　（f）环形浇口　　　（g）环形浇口

图 5-15　压注模浇口形式

图 5-15（a）所示为外侧进料的侧浇口，是侧浇口中最常用的形式；图 5-15（b）所示的侧浇口是在当塑件外表面不允许有浇口痕迹，用端面进料时采用；图 5-15（c）所示的侧浇口的特点是在浇口折断后，断痕不会伸出表面，不影响装配，可降低修浇口费用；图 5-15（d）所示的侧浇口用于以碎布或长纤维做填料的塑件，浇口应设在附加于侧壁的凸台上，这样在去除浇口时就不会损坏塑件表面；图 5-15（e）所示的扇形浇口用于宽度较大的塑件；图 5-15（f）、图 5-15（g）所示的环形浇口用于带孔的塑件或管状、筒状塑件。

（2）浇口的尺寸

浇口截面形状有圆形、半圆形及梯形等形式。

圆形浇口加工困难，导热性不好，去除浇口时不方便，因此圆形浇口只适用于流动性较差的塑料，浇口直径一般大于 3mm；半圆形浇口的导热性比圆形好，机械加工方便，但流动阻力较大，浇口较厚；梯形浇口的导热性好，机械加工方便，是最常用的浇口形式。一般梯形浇口的深度取 0.5～0.7mm，宽度不大于 8mm。如果浇口过薄、太小，压力损失就会较大，使硬化提前，造成填充成型性不好；如果浇口过厚、过大，会造成流速降低，易产生熔接不良、表面质量不佳等缺陷并使去除浇道困难。

实践中，浇口尺寸应根据经验按塑料性能、塑件形状、尺寸、壁厚、浇口形式、流程等因素来确定。

（3）浇口位置

浇口位置的选择是由塑件的形状来决定的，应遵循下面几项原则。

① 浇口应开设在塑件壁厚最大处，以利于塑料流动和补缩。

② 浇口应开设在塑件的非重要表面，以免影响塑件的使用和美观以及后续加工工作量。

③ 对大型塑件应多开设几个浇口以减少流动距离，浇口间距应不大于 140mm。

④ 热固性塑料在流动中会产生填料定向作用，浇口位置选择不当会造成塑件变形、翘曲甚至开裂，特别是长纤维填充的塑件，定向作用更为严重，应特别注意浇口位置的选择。例如，对于长条形塑件，当浇口位置开在长条中点时会引起长条弯曲，而改在端部进料较好。又如圆筒形塑件单边进料容易引起塑件变形，改为环形浇口较好。

5.3.5　排气槽

热固性塑料在压注成型时，由于发生化学交联反应会产生一定数量的低分子物（气体），同时型腔内原有的气体也需要排除。模具零件间的配合间隙及分型面之间的间隙一般不能满足排气需要，所以应该开设排气槽。排气槽应尽量开设在分型面上，因为分型面上排气槽产生的溢边很容易清理。

排气槽的截面形状一般为矩形或梯形。对于中、小型塑件，分型面上的排气槽尺寸深度取0.04~0.13mm，宽度取3.2~6.4mm。

排气槽的截面积可以按经验公式计算

$$A = \frac{0.05V}{n} \tag{5-7}$$

式中　　A——排气槽截面积（mm^2）；

　　　　V——塑件的体积（mm^3）；

　　　　n——排气槽数量。

根据公式（5-7）估算出排气槽的截面积以后，再按照表5-5中的推荐值确定排气槽的深度尺寸和宽度尺寸。

表5-5　　　　　　　　　　　　　　　　排气槽截面积推荐尺寸

排气槽截面积 A（mm^2）	排气槽截面尺寸：槽宽×槽深（mm×mm）
≤0.2	5×0.04
>0.2~0.4	5×0.08
>0.4~0.6	6×0.10
>0.6~0.8	8×0.10
>0.8~1.0	10×0.10
>1.0~1.5	10×0.15
>1.5~2.0	10×0.20

图5-16所示的压注模，其主要排气槽开设在分型面上，这是塑料最后充满的地方，塑件上有安装嵌件的侧向凸起，为了排出其中的气体，将固定嵌件的侧型芯杆中间钻一个小孔，由于嵌件的遮盖，使塑料不至于溢入孔中。

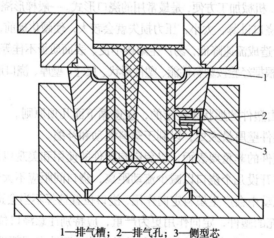

1—排气槽；2—排气孔；3—侧型芯
图5-16　压注模排气槽的开设

 练习题

一、填空题

1. 压注成型要求塑料在未达到硬化温度以前应具有较大的_____，而达到硬化温度以后，又要具有较快的_____。

2. 压注成型的模具温度通常要比压缩成型的温度低_____，因为塑料通过浇注系统时能从摩擦中取得一部分热量。

3. 移动式压注模加热是利用装在压力机上的_____，压注前柱塞、加料室和压注模都应放在其上进行加热。

4. 柱塞式压注模需要采用专用的压力机。这种专用压力机有两个液压缸：主液压缸和辅助液压缸，主液压缸起_____作用，辅助液压缸起_____作用。

5. 柱塞式压注模成型时，应有足够的锁模力，以保证型腔内压力不将_____顶开。

6. 加料室截面形状大多为_____和_____，这主要取决于模腔结构及数量，加料室定位及固定形式取决于所选设备。

7. 加料室与压柱的配合通常为_____或_____，也可以采用_____的单边间隙配合。

8. 压注模浇注系统与注射模相似，主要由_____、_____和_____组成。

9. 压注模的分流道一般都比较浅而宽，但是如果过浅，会使塑料过度受热而_____，反而降低其_____。所以分流道最浅处应不小于_____。

10. 常用的压注模浇口形式有_____、_____、_____以及_____等几种形式。

11. 对大型塑件应多开设几个浇口以减少流动距离，浇口间距应不大于_____。

12. 排气槽应尽量开设在_____上，因为这样排气槽产生的溢边很容易清理。

二、不定项选择题

1. 压注模主要用于加工（　　　）的模具。

A. 热塑性塑料　　　　B. 热固性塑料　　　　C. 通用塑料　　　　D. 工程塑料

2. 压注成型时由于熔体通过浇注系统时会有压力损失，所以压注成型压力一般为压缩成型压力的（　　　）倍。

A. 2　　　　　　　　B. 2～3　　　　　　　C. 3～4　　　　　　D. 4

3. 压注模的组成为（　　　）。

A. 成型零部件、加料装置、浇注系统、导向机构、脱模机构、加热系统和侧抽芯机构

B. 成型零部件、加料装置、浇注系统、导向机构、脱模机构、冷却系统和侧抽芯机构

C. 成型零部件、加料装置、脱模机构、冷却系统、导向机构、加热系统和侧抽芯机构

D. 成型零部件、推出机构、冷却系统、浇注系统、导向机构、加热系统和侧抽芯机构

4. 压注模按加料室的特征可分为（　　　）两种形式的压注模。

A. 上加料室和下加料室　　　　　　　B. 固定式和移动式

C. 罐式和柱塞式　　　　　　　　　　D. 手动式和机动式

5. 压注模常用的主流道的结构形式有（　　　）。

A. 正圆锥形　　　　B. 倒圆锥形　　　　C. 圆柱形　　　　D. 分流锥形

6. 压注模的浇口截面形状有（　　　）。

A. 三角形　　　　　B. 圆形　　　　　　C. 半圆形　　　　　D. 梯形

7. 浇口位置选择不当会造成塑件变形，压注成型圆筒形塑件，单边进料容易引起塑件变形，应选用（　　　）浇口。

A. 圆形点浇口　　　B. 扇形浇口　　　　C. 环形浇口　　　　D. 轮辐式浇口

8. 下面各项中（　　　）不是压注成型的特点。

A. 所得到的塑件制品性能均匀密实，强度高

B. 模具结构简单，模具制造成本低

C. 所得到的塑件的尺寸精度高，表面粗糙度较低

D. 塑料浪费较大，塑件修整工作量大

三、判断题

1. 压注成型的工艺过程与压缩成型的工艺过程的主要区别是：压缩成型是先加料后合模，而压注成型是先合模后加料。（　　　）

2. 压注模适用于所有热固性塑料的成型加工。（　　　）

3. 对于热固性塑料压缩模，塑料在加料室内不加热，而在型腔部分加热到成型温度，产生交联反应而固化成型。（　　　）

4. 压注成型压力是指压力机通过压柱或柱塞对加料室塑料熔体施加的压力。（　　　）

5. 移动式压注模，在加料室和型腔周围分别钻有加热孔，插入加热元件，分别对压柱、上模、下模三大部分加热。（　　　）

6. 柱塞式压注模成型需要专用液压机。这种液压机有锁模和成型两个液压缸。（　　　）

7. 移动式罐式压注模的加料室在模具上的定位必须采用销钉定位或凸台定位方式。（　　　）

8. 当塑件较大或型腔距模具中心较远时，为了缩短流道的长度，减少流动阻力及节约原料，常采用倒锥形主流道形式。（　　　）

9. 压注模的分流道应采用平衡式布置，同时分流道要平直，尽量避免弯折，以减少压力损失。（　　　）

10. 压注模最常用的浇口截面形状是半圆形，机械加工方便，浇口较厚。（　　　）

四、问答题

1. 压注成型的原理是什么，有什么特点，其主要工艺参数有哪些？

2. 压注成型的工艺过程与压缩成型的工艺过程的主要区别是什么？

3. 压注成型模具由哪些零件组成？

4. 压注成型模具可以分为哪几类，各有什么特点？

5. 压注成型应如何选用液压机？

6. 加料室在模具上的定位方式有哪些？

7. 压柱的作用是什么？加料室与压柱配合的具体要求是什么？

8. 压注模主流道有哪几种形式，各有什么特点？

9. 压注模的分流道设计应注意哪些问题？

10. 压注模常用的浇口形式有哪些，各自有什么特点？选择浇口位置时应遵循哪些原则？

11. 压注模为什么要设排气槽？排气槽的位置应如何选择？

第6章

气动成型工艺与模具结构

气动成型是借助压缩空气或抽真空的方法来成型塑料瓶、罐、盒类塑件，主要包括中空吹塑成型、真空成型及压缩空气成型。

6.1 中空吹塑成型工艺与模具结构

6.1.1 中空吹塑成型原理和分类

中空吹塑成型是将处于熔融状态的塑料型坯置于模具型腔内，使压缩空气注入型坯中将其吹胀，使之紧贴于模具型腔壁上，经冷却定型得到与模具型腔完全一致的中空塑件的加工方法。适用于中空吹塑成型的塑料有聚乙烯、聚氯乙烯、纤维素塑料、聚苯乙烯、聚丙烯、聚碳酸酯等。最常用的是聚乙烯和聚氯乙烯。

根据成型方法不同，中空吹塑成型可分为挤出吹塑成型、注射吹塑成型、注射拉伸吹塑成型、片材吹塑成型等。

1. 挤出吹塑成型

挤出吹塑成型是成型中空塑件的主要方法，挤出吹塑成型原理如图 6-1 所示。首先，由挤出机挤出管状型坯，如图 6-1（a）所示；截取一段管坯趁热将其放于模具中，在闭合对开式模具的同时夹紧型坯上下两端，如图 6-1（b）所示；然后用吹管通入压缩空气，使型坯吹胀并贴于型腔表壁成型，如图 6-1（c）所示；最后经过保压和冷却定型，便可排出压缩空气并开模取出塑件，如图 6-1（d）所示。

挤出吹塑成型所用的设备和模具结构简单，投资少，操作容易，适于多种塑料的中空吹塑成型。但是塑件的壁厚不易均匀，生产效率较低。

2. 注射吹塑成型

注射吹塑成型的原理如图 6-2 所示。首先注射机将熔融塑料注入注射模内形成管坯，管坯成型在周壁带有微孔的空心凸模上，如图 6-2（a）所示；接着趁热移至吹塑模内，如图 6-2（b）所示；然后合模并从芯棒的管道内通入压缩空气，使型坯吹胀并贴于模具的型腔壁上，如图 6-2（c）所示；最后经过保压、冷却定型后放出压缩空气并开模取出塑件，如图 6-2（d）所示。注射吹塑成型的优点是壁厚均匀且无飞边，不需要后续加工。由于注射型坯有底，所以塑件底部没有拼合缝，强度高，生产率高。但设备与模具的投资较大，这种成型方法多用于小型塑件的大批量生产。

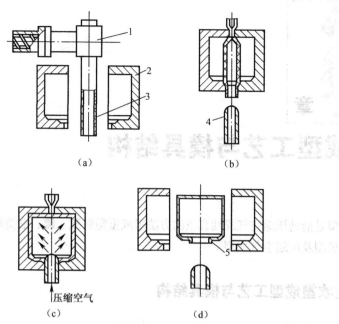

1—挤出机头；2—吹塑模；3—管状型坯；4—压缩空气吹管；5—塑件

图 6-1　挤出吹塑成型原理

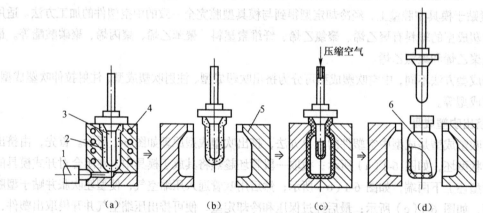

1—注射机喷嘴；2—注射管型坯；3—空心凸模；4—加热器；5—吹塑模；6—塑件

图 6-2　注射吹塑成型原理

3. 注射拉伸吹塑成型

与注射吹塑成型相比，注射拉伸吹塑成型增加了延伸这一工序。经过注射拉伸吹塑成型的塑件其透明度、抗冲击能力、表面硬度、刚度和气体阻透性能都有很大提高。注射拉伸吹塑最典型的产品是线形聚酯饮料瓶。

图 6-3 所示为用热坯法注射拉伸吹塑成型工艺过程。首先将注射成型的有底型坯加热到熔点以下适当温度后置于模具内，然后用拉伸杆进行轴向拉伸后再通入压缩空气吹胀成型。这种成型方法省去了冷型坯的再加热，所以节省能源，同时由于型坯的制取和拉伸吹塑在同一台设备上进行，所以占地面积小，生产易于连续进行，自动化程度高。

还有一种是用冷坯法注射拉伸吹塑成型，即将注射好的型坯加热到合适的温度后再将其置于吹塑模中进行拉伸吹塑的成型方法。采用冷坯法成型时，型坯的注射和塑件的拉伸吹塑成型分别在不同设备上进行。在拉伸吹塑之前，为了补偿型坯冷却散发的热量，需要进行二次加热，以确保型坯的拉伸吹塑成型。这种成型方法的主要特点是设备结构相对较简单。

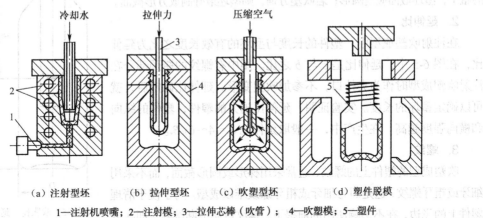

（a）注射型坯　　（b）拉伸型坯　　（c）吹塑型坯　　（d）塑件脱模

1—注射机喷嘴；2—注射模；3—拉伸芯棒（吹管）；4—吹塑模；5—塑件

图 6-3　注射拉伸吹塑成型原理

4. 片材吹塑成型

片材吹塑成型是最早使用的中空塑件成型方法，如图 6-4 所示。将压延或挤出成型的片材再加热，使之软化，放入型腔，合模后在片材之间通入压缩空气而成型出中空塑件。

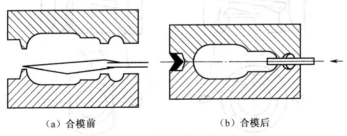

（a）合模前　　　　　　　　　　（b）合模后

图 6-4　片材吹塑成型原理

6.1.2　中空吹塑成型制件的结构工艺性

根据中空吹塑成型的特点，对于塑件的结构工艺性要求主要有吹胀比、延伸比、螺纹、圆角、支承面等。

1. 吹胀比

吹胀比是指塑件最大直径与型坯直径之比。在图 6-5 中，吹胀比是 D 与 d 之比。这个比值实际上就是在已知产品塑件尺寸的情况下确定型坯的外径。通常吹胀比取 2～4，但多用 2。吹胀比过大会使塑件壁厚不均匀，加工工艺条件不易掌握。

吹胀比表示了塑件径向最大尺寸和挤出机头口模尺寸之间的关系。当吹胀比确定以后，便可根据塑件的最大径向尺寸及塑件的壁厚确定机头型坯口模的尺寸。机头口模与芯棒的间隙可用下式确定

$$\delta = \alpha t B_r \qquad (6-1)$$

式中　δ——口模与芯棒之间的单边间隙（mm）；

　　　α——修正系数，一般取 1～1.5，它与加工塑料黏度有关，黏度大时取下限；

t——塑件壁厚（mm）；

B_r——吹胀比，一般取2～4。

型坯的截面形状一般要求与塑件轮廓大体一致。例如吹塑圆形截面的瓶子，型坯截面应是圆形；若吹塑方桶，则型坯最好制成方形截面。

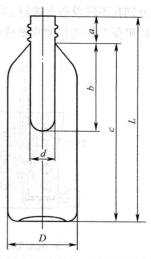

图6-5 吹胀比、延伸比示意图

2. 延伸比

在注射吹塑成型中，塑件的长度与型坯的有效长度之比为延伸比，在图6-5中，延伸比是c与b之比。图中有螺纹的瓶颈部分在注射吹塑成型时作为夹持口，不参加吹塑变形。延伸比确定后，就可以确定型坯的长度。实验证明，延伸比越大的塑件，塑件的纵向和横向强度越高。在生产中，一般取延伸比$S_r=(4\sim6)/B_r$。

3. 螺纹

吹塑成型的塑件上的螺纹，通常采用梯形或圆形截面，而不采用细牙或粗牙螺纹，这是因为细牙或粗牙螺纹难以成型。为了便于清理塑件上的飞边，在不影响使用的前提下，螺纹可制成断续状，即在分型面附近的一段塑件上不带螺纹，如图6-6所示，图6-6（a）比图6-6（b）更容易清理飞边。

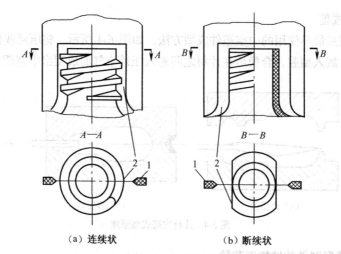

（a）连续状　　　　　　　（b）断续状

1—余料；2—夹坯口（切口）

图6-6 螺纹形状

4. 圆角

吹塑件的侧壁与底部的交接、壁与把手交接等处，不允许设计成尖角，因为尖角难以成型，而应设计成圆弧过渡。在不影响造型及使用的前提下，圆角以大为好，圆角大则壁厚均匀，对于有造型要求的塑件，圆角可以减小。

5. 塑件的支承面

在设计塑料容器时，应减少容器底部的支承表面，特别要减少结合缝与支承面的重合部分，因为切口的存在将影响塑件放置平稳。如图6-7所示，图6-7（b）比图6-7（a）设计得合理。

6. 脱模斜度和分型面

由于吹塑成型不需要凸模，所以脱模斜度即使为零也能脱模。但是表面带有皮革纹的塑件，脱模斜度必须在1/15以上。

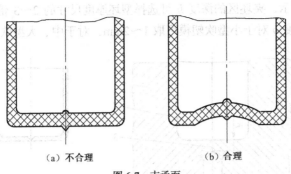

（a）不合理　　　　　　　　（b）合理

图 6-7　支承面

吹塑成型模具的分型面一般设在塑件的侧面。对于矩形截面的容器，为了避免壁厚不均匀，有时将分型面设在对角线上。

6.1.3　中空吹塑成型模具的结构

吹塑模通常是对开式的，对于大型挤出吹塑模或连续自动生产的注射吹塑模一般要设置冷却水道，用于对模具的冷却。

从模具的结构及工艺方法上看，吹塑模可分为上吹口和下吹口两类。图 6-8 所示为典型的上吹口挤出吹塑模具，压缩空气由模具上端吹入模腔；图 6-9 所示为典型的下吹口挤出吹塑模具，使用时，型坯套在底部芯轴上，合模后压缩空气从芯轴吹入模腔。

吹塑模具的结构要点如下。

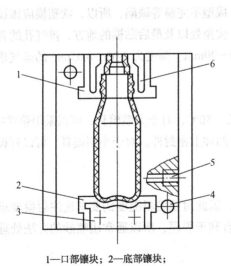

1—口部镶块；2—底部镶块；

3、6—余料槽；4—导柱；5—冷却水道

图 6-8　上吹口模具结构

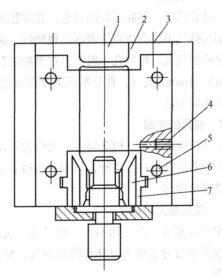

1、6—余料槽；2—底部镶块；3—螺钉；

4—冷却水道；5—导柱；7—瓶颈（吹口）镶块

图 6-9　下吹口模具结构

1. 夹坯口

夹坯口也称为切口，挤出吹塑过程中，模具在闭合的同时需将型坯封口并将余料切除，因此在模具的相应部位要设置夹坯口。例如吹塑加仑桶的底部、上部及手把之处，塑料药瓶的底部、上部螺纹处等，均要在模具上做出较窄的夹坯口（切口），以便把多余型坯切除。瓶底夹坯口的形状和尺寸如图 6-10 所示，夹坯区的深度 h 可选择型坯厚度尺寸的 2～3 倍，夹坯口的斜角 α 选择 15°～45°，切口的宽度 b 对于小型吹塑模可取 1～2mm，对于中、大型吹塑模可取 2～4mm。

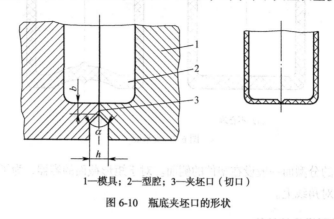

1—模具；2—型腔；3—夹坯口（切口）

图 6-10　瓶底夹坯口的形状

注射吹塑模具因吹塑时型坯完全置入吹塑模的模腔内，所以不需制出夹坯口（切口），只需要制出型坯的固定装置。

2. 余料槽

余料槽的作用是储存被夹坯口切除的余料，以免余料被夹在分型面上，影响塑件的尺寸和形状。余料槽通常设置在夹坯口的两侧，如图 6-8、图 6-9 所示。余料槽的大小应依据型坯被夹持后余量的宽度和厚度来确定，以模具能严密闭合为准。

3. 排气孔槽

模具合模后，型腔呈封闭状态。在吹胀坯型时，应考虑吹胀坯型时模具内原有气体的排除问题。如果排气不良会使塑件表面出现斑纹、麻坑、成型不完整等缺陷，所以，吹塑模应该设置一定数量的排气孔。排气孔一般开设在型腔的凹坑、尖角处以及最后贴模的地方，排气孔的直径通常取 0.5～1mm。此外，在分型面上开设宽度为 10～20mm、深度为 0.03～0.05mm 的排气槽也是排气的主要方法。

4. 模具的冷却

中空吹塑成型时，模具温度一般应控制在 20℃～50℃，对于大型模具，可以采用箱式冷却，即在型腔背后铣出一个空槽，再用一块板盖上，中间加上密封件。对于小型模具，可以开设冷却水通道进行冷却。

5. 模具表面粗糙度

中空吹塑成型时气压不大，而且是二次成型，因此对型腔粗糙度的要求比注射模要求低。模具表面不过分光滑可以储存微量空气，反而会有利于脱模，所以通常用喷砂的方法处理模具的型腔。

6.1.4　中空吹塑成型模具的材料

吹塑模的型腔部分一般用铝合金制造，这是因为一方面吹塑成型的模腔压力不大，通常多为 0.2～0.7MPa，而另一方面铝合金具有良好的热传导性能，而且可以采用铸造成型，重量也轻。但是，在吹口及夹坯口等处应选用钢材进行模具镶拼。铝合金虽然有许多优点，但因其硬度低，耐磨性差，会影响模具寿命。近年来随着吹塑技术的不断发展，在大批量生产中，采用碳素钢与合金结构钢制造吹塑模的情况也越来越多。

6.2 真空成型工艺与模具结构

6.2.1 真空成型原理和分类

真空成型是把热塑性塑料板、片固定在模具上，用辐射加热器进行加热至软化温度，然后用真空泵把板材或片材和模具之间的空气抽掉，从而使板材或片材贴在模腔上而成型。冷却后，借助压缩空气使塑件从模具中脱出。适用于真空成型的塑料有聚氯乙烯、聚苯乙烯、聚乙烯等。

真空成型方法主要有凹模真空成型、凸模真空成型、凹凸模先后抽真空成型、吹泡真空成型、柱塞延伸法真空成型、带有气体缓冲装置的真空成型等。

1. 凹模真空成型

凹模真空成型是一种最常用、最简单的成型方法，如图 6-11 所示，把塑料板固定并密封在模腔的上方，将加热器移到塑料板上方将塑料板加热至软化，如图 6-11（a）所示；然后移开加热器，在型腔内抽真空，塑料板就贴在凹模型腔上，如图 6-11（b）所示；冷却后由抽气孔通入压缩空气将成型好的塑件吹出，如图 6-11（c）所示。

用这种方法成型的塑件外表面尺寸精度高，一般用于成型深度不大的塑件。如果塑件深度很大时，特别是小型塑件，其底部转角处就会明显变薄。多型腔的凹模真空成型与同个数的凸模真空成型相比更经济，因为凹模模腔间距可以较近，有同样面积的塑料板，可以加工出更多的塑件。

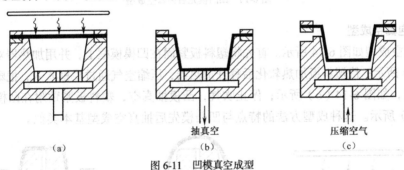

抽真空   压缩空气
（a）   （b）   （c）

图 6-11　凹模真空成型

2. 凸模真空成型

凸模真空成型如图 6-12 所示。被夹紧的塑料板在加热器下加热软化，如图 6-12（a）所示；接着软化的塑料板下移，像帐篷似的覆盖在凸模上，如图 6-12（b）所示；最后抽真空，塑料板紧贴在凸模上成型，如图 6-12（c）所示。在凸模真空成型过程中，由于冷的凸模首先与板料接触，所以其底部稍厚。这种成型方法多用于有凸起形状的薄壁塑件，成型得到的塑件的内表面尺寸精度较高。

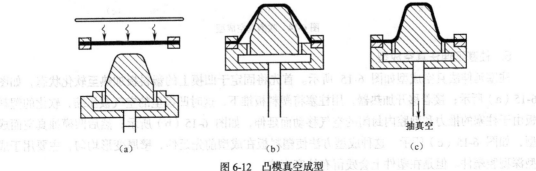

抽真空
（a）   （b）   （c）

图 6-12　凸模真空成型

3. 凹凸模先后抽真空成型

凹凸模先后抽真空成型如图 6-13 所示。首先把塑料板紧固在凹模上加热，如图 6-13（a）所示；塑料板软化后将加热器移开，然后通过凸模吹入压缩空气，而凹模抽真空使塑料板鼓起，如图 6-13（b）所示；最后凸模向下插入鼓起的塑料板中并且从中抽真空，同时凹模通入压缩空气，使塑料板贴附在凸模的外表面而成型，如图 6-13（c）所示。用这种方法成型的塑件壁厚比较均匀，适用于成型深型腔塑件。

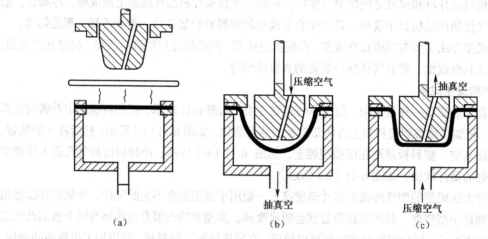

图 6-13　凹凸模先后抽真空成型

4. 吹泡真空成型

吹泡真空成型如图 6-14 所示。首先将塑料板紧固在凹模模框上，并用加热器对其加热，如图 6-14（a）所示；待塑料板加热软化后移开加热器，压缩空气通过模框吹入，把塑料板吹鼓后将凸模顶起，如图 6-14（b）所示；停止吹气，凸模抽真空，塑料板紧贴附在凸模上成型，如图 6-14（c）所示。这种成型方法的特点与凹凸模先后抽真空成型基本类似。

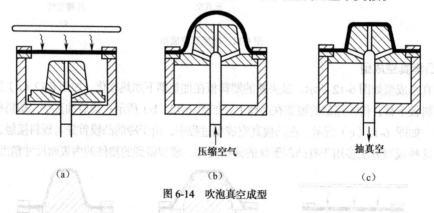

图 6-14　吹泡真空成型

5. 柱塞延伸法真空成型

柱塞延伸法真空成型如图 6-15 所示。首先将固定于凹模上的塑料板加热至软化状态，如图 6-15（a）所示；接着移开加热器，用柱塞将塑料板推下，这时凹模里的空气被压缩，软化的塑料板由于柱塞的推力和型腔内封闭的空气移动而延伸，如图 6-15（b）所示；然后凹模抽真空而成型，如图 6-15（c）所示。这种成型方法使塑料板在成型前先延伸，壁厚变形均匀，主要用于成型深型腔塑件。但是在塑件上会残留有柱塞痕迹。

外部压力较低的情况时，才可利用压力差压成型。当把阴模的内压力降低至大气压，压空时可以不从上面吹入空气，这样就很好地利用了两个（或四个）真空模，成型后的制品背靠背，如图 6（c）所示。整件包括左右两个圆形。此时利用刚刚形成的型腔模压成型也很方便，如图 6（c）所示，这里也可以是使用真空排气时将制品真空吸引成型。

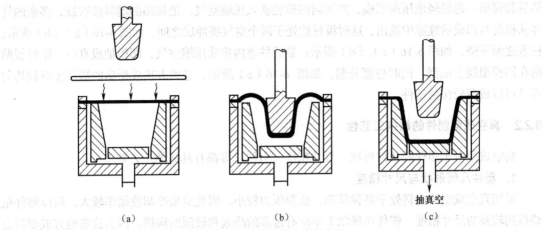

图 6-15 柱塞延伸法真空成型

6. 带有气体缓冲装置的真空成型

带有气体缓冲装置的真空成型如图 6-16 所示，这是柱塞和压缩空气并用的形式。把塑料板加

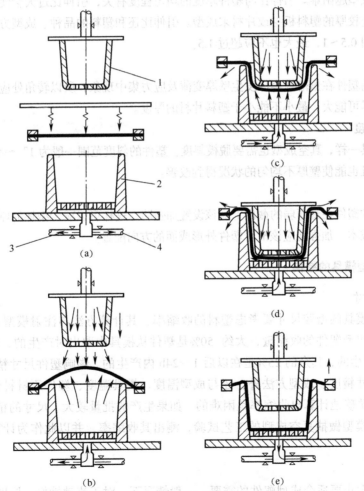

1—柱塞；2—凹模；3—空气管路；4—真空管路

图 6-16 带有气体缓冲装置的真空成型

热后和模架一起轻轻地压向凹模，然后向凹模腔吹入压缩空气，把加热的塑料板吹鼓，多余的气体从板材与凹模的缝隙中逸出，这时板材就处于两个空气缓冲层之间，如图 6-16（a）、（b）所示；柱塞逐渐下降，如图 6-16（c）、（d）所示；最后柱塞内停吹压缩空气，凹模抽成真空，塑料板贴附在凹模型腔上成型，同时柱塞升起，如图 6-16（e）所示。这种方法成型出的塑件壁厚较均匀并且可以成型较深的塑件。

6.2.2 真空成型制件的结构工艺性

真空成型对于塑件的几何形状、尺寸精度、引伸比等都有具体的工艺要求。

1. 塑件几何形状与尺寸精度

采用真空成型的塑料处于高弹状态，成型压力较小，因此成型冷却收缩率较大，所以塑件很难得到较高的尺寸精度。塑件在形状上不应有过多的凸起和较深的沟槽，因为这些地方成型后会使该处壁厚太薄而影响强度。

2. 引伸比

塑件深度与宽度之比称为引伸比。引伸比在很大程度上反映了塑件成型的难易程度，即引伸比越大，塑件成型越困难。引伸比与塑件厚度的均匀程度有关，引伸比过大会使最小壁厚变得非常薄，这时应选较厚的塑料板材或片材来成型。引伸比还和塑料的品种、成型方法有很大关系，引伸比一般采用 0.5～1，最大也不应超过 1.5。

3. 圆角

真空成型的塑件在角落处容易发生壁厚变薄及应力集中现象，所以转角处应以圆角过渡，并且圆角半径应尽可能大，最小不能小于塑料片材的厚度。

4. 脱模斜度

与其他模具一样，真空成型也需要脱模斜度。塑件的斜度范围一般为 1°～4°，斜度大不仅脱模容易，而且也能使壁厚不均匀的状况得到改善。

5. 加强肋

真空成型的塑件在最薄弱的截面上应该设置加强肋，这样可以减少型坯的厚度，缩短加热时间，降低塑件成本。加强肋应该沿着塑件外形或面的方向配置。

6.2.3 真空成型模具的结构

1. 型腔尺寸

真空成型模具的型腔尺寸要考虑塑料的收缩率，其计算方法与注射模型腔尺寸的计算方法相同。真空成型塑件的收缩量，大约 50%是塑件从模具中取出时产生的，25%是脱模后在室温下 1h 内产生的，其余的 25%是在以后 1～24h 内产生的。影响塑件尺寸精度的因素较多，除了型腔的尺寸精度、成型方法外，还与成型温度、模具温度、塑件原材料的品种等有关，因此要预先较精确地计算出收缩率是困难的。如果生产的批量较大、尺寸的精度要求又较高，最好先用石膏模型做抽真空成型的工艺试验，测出其收缩率，并以此作为计算模具型腔尺寸的依据。

2. 抽气孔

抽气孔的大小要适合成型塑件的需要，一般情况下，对于流动性好、厚度薄的塑料板材，抽气孔要小些，反之可大些。总之，既要满足在短时间内将空气抽出，又不能在塑件上留下抽气孔的痕迹。一般常用的抽气孔直径是 0.5～1mm，最大抽气孔直径尺寸不应超过板材厚度的 50%。

抽气孔的位置应位于塑料板材最后贴模的地方，孔间距要视成型塑件的形状和大小而定。对于小型塑件，抽气孔的间距可在 20～30mm 选取，而对大型塑件则应适当增加间距。在塑件轮廓复杂的地方，抽气孔的位置可适当安排密一些。

3. 型腔表面粗糙度

真空成型模具的表面粗糙度的要求与吹塑成型模具表面粗糙度的要求相类似，一般也是表面加工好以后进行喷砂处理。

4. 边缘密封结构

在抽真空成型时，为了使型腔外面的空气不进入真空室，在塑料板材与模具接触的边缘应该设置密封装置。对平直分型面，将塑料板材与模具接触面进行密封比较容易，而对于曲面或折面分型面，密封会有一定的难度。

5. 加热、冷却装置

对于真空成型的塑料板材，通常采用电阻丝或红外线加热，其中电阻丝加热的温度可达350℃～450℃。不同塑料板材所需的成型温度也不同，一般是通过调节加热器和板材之间的距离来实现，通常采用的调节距离为 80～100mm。

模具温度对塑件的质量和生产率都有影响。如果模温过低，塑料板材与型腔一经接触就会产生冷斑或内应力，甚至产生裂纹；如果模温太高，塑件容易粘附在型腔表面，脱模时会发生变形，而且也延长了生产周期。因此，应该把模温控制在一定范围内，一般为 50℃ 左右。

塑件的冷却一般不仅依靠与模具接触后的自然冷却，还要增设风冷或水冷装置加速冷却。风冷设备简单，只要用压缩空气喷即可。水冷可采用喷雾式，或在模内开设冷却水道通水冷却。小型模具冷却水道的管径为 3～8mm，大型模具冷却水道的管径为 12mm 左右。

6.2.4 真空成型模具的材料

真空成型与其他成型方法相比，其主要特点是成型压力极低，通常压缩空气的压力为 0.3～0.4MPa，所以模具材料选择的范围较宽，既可选用金属材料，又可选用非金属材料，材料的选择主要取决于塑件的形状和生产批量。

1. 非金属材料

对于试制或小批量生产，可选用木材或石膏作为模具材料。木材易于加工，易于修改，但容易变形且表面粗糙度差，这将影响塑件的表面质量。一般常用桦木、槭木等木纹较细的木材制作模具。为了改善木质模具的耐热性，可在其表面涂上环氧树脂。石膏制作简单，成本低，但强度较差。为了提高石膏模具的强度，防止碎裂，可在其中混入10%～30%的水泥。用环氧树脂、酚醛树脂制作塑料真空成型模具，加工容易，生产周期短，修整方便，而且强度较高，相对于木材、石膏等材料制成的真空成型模具而言，适合于批量较大的塑件的生产。

非金属材料导热性能差，冷却时间长，生产效率低，不适合大批量生产。

2. 金属材料

金属材料适合于制作大批量、高效率生产的真空成型模具，常用的金属有铝、铜、锌合金等，其中铝合金的导热性能好，容易加工，不易生锈和被腐蚀，所以使用最多。

6.3 压缩空气成型工艺与模具结构

6.3.1 压缩空气成型原理和分类

压缩空气成型过程是借助空气的压力，将加热软化的塑料板压入型腔而成型的方法。压缩空气成型的工艺过程如图6-17所示。图6-17（a）所示为将塑料板置于加热板和凹模之间，并固定加热板；图6-17（b）所示为闭模后的加热过程，即从型腔通入微压空气，使塑料板直接接触加热板加热；图6-17（c）所示为塑料板加热后，由模具上方通入预热的压缩空气，使已软化的塑料板贴在模具型腔的内表面成型；图6-17（d）所示为塑件在型腔内冷却定型后，加热板下降一小段距离，切除余料；图6-17（e）所示为加热板上升，最后借助压缩空气取出塑件。

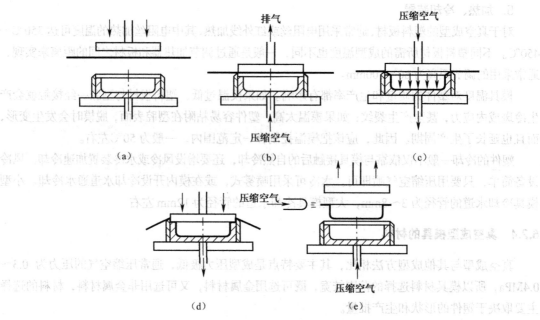

图6-17 压缩空气成型的工艺过程

压缩空气成型原理与真空成型相似，不同之处在于前者主要依靠压缩空气成型塑件，而后者主要依靠抽真空吸附成型塑件。在真空成型时，很难达到对板材施加 0.1 MPa 以上的成型压力，而用压缩空气成型，可以对板材施加 1 MPa 以上的成型压力。由于成型压力高，所以压缩空气成型可以获得满模具形状的塑件以及深型腔的塑件。此外，压缩空气成型采用加热板（可固定在上模座上）对模内板材加热，以及采用型刃切除塑件周边余料，所以能够成型厚度较大的板材，且塑件精度、表面质量通常也比真空成型好。

6.3.2 压缩空气成型模具

1. 压缩空气成型模具的结构

压缩空气成型模具的结构如图6-18所示。它与真空成型模具在结构上的主要不同点在于：压缩空气成型模具上增加了型刃，塑件成型后可在模具上把余料切断；加热板是模具的组成部分，可以与塑料板材接触加热，加热效果好，加热时间短。

压缩空气成型也可分为凹模成型和凸模成型两大类。凸模成型耗费板材多且不易安装切边装置，相对采用较少。所以，压缩空气成型主要采用凹模成型。

压缩空气成型塑件的壁厚不宜太大，因为塑件的壁厚增大，塑料板材的厚度就越大，需要的成型压力就越大，供压设备费用也会随之增大。通常塑料片材的厚度不超过 8mm，一般在 1～5mm 范围内选用。

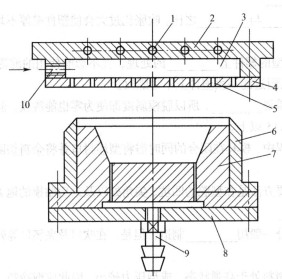

1—加热棒；2—加热板；3—热空气室；4—面板；5—空气孔；6—型刃；
7—凹模；8—底板；9—通气孔；10—压缩空气管
图 6-18 压缩空气成型模具

2. 压缩空气成型模具的型刃

压缩空气成型模具的主要特点是在模具边缘设置了型刃。型刃的作用是在成型过程中切除余边，型刃的形状与尺寸如图 6-19 所示。常用的型刃是把顶端削平 0.1～0.15mm，以 R 等于 0.05mm 的圆弧与两侧面相连。型刃的角度以 20°～30° 为宜，它的尖端必须比型腔的端面高出板材的厚度±0.1mm，成型时，放在凹模型腔端面上的板材与加热板之间就能形成间隙，此间隙可使板材在成型期间不与加热板接触，避免板材过热而造成产品缺陷。

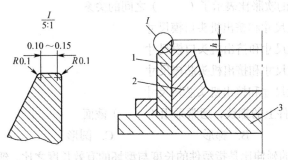

1—型刃；2—凹模；3—底板
图 6-19 型刃的形状与尺寸

一、填空题

1. 气动成型是借助压缩空气或抽真空的方法来成型塑料瓶、罐、盒类塑件，主要包括_____成型、_____成型及_____成型。

2. 与注射吹塑成型相比，注射拉伸吹塑成型增加了_____这一工序。注射拉伸吹塑成型方法分为_____和_____。

3. 吹胀比是指_____与_____之比，吹胀比过大会使塑件壁厚不均匀，加工工艺条件不易掌握。

4. 为了便于吹塑成型的塑件上_____的处理，在不影响使用的前提下，塑件上螺纹可制成_____，即在分型面附近的一段塑件上不带螺纹。

5. 由于吹塑成型不需要_____，所以脱模斜度即使为零也能脱模。但是表面带有皮革纹的塑件，脱模斜度必须在 1/15 以上。

6. 挤出吹塑成型过程中，模具在闭合的同时需将型坯封口并将余料切除，因此在模具的相应部位要设置_____。

7. 吹塑模排气的主要方法是在型腔的凹坑、尖角处以及最后贴模的地方设置_____，或者在分型面上开设_____。

8. 吹塑模的型腔部分一般用_____制造，但是，在吹口及夹坯口等处应选用_____进行模具镶拼。

9. 采用真空成型的塑料处于高弹状态，成型压力较小，因此成型冷却_____较大，所以塑件很难得到较高的尺寸精度。塑件在形状上不应有过多的_____和_____。

10. 塑件深度与宽度之比称为_____，它在很大程度上反映了塑件成型的难易程度。

11. 真空成型的塑件在最薄弱的截面上应该设置_____，这样可以减少型坯的厚度，缩短加热时间，降低塑件成本。

12. 压缩空气成型采用_____加热板对模内板材加热，采用_____型刃切除塑件周边余料，所以能够成型厚度较大的板材，且塑件精度、表面质量较好。

二、不定项选择题

1. 最常用于中空吹塑成型的塑料有（　　　）。

A. 聚乙烯　　　　　　B. 聚氯乙烯　　　　　　C. 纤维素塑料　　　　D. 聚丙烯

2. 中空吹塑成型的吹胀比表示了（　　　）之间的关系。

A. 塑件轴向最大尺寸和挤出机头口模尺寸

B. 塑件径向最大尺寸和挤出机头口模尺寸

C. 塑件轴向最大尺寸和挤出机头芯棒尺寸

D. 塑件径向最大尺寸和挤出机头芯棒尺寸

3. 吹塑成型的塑件上的螺纹，通常采用（　　　）截面。

A. 三角形　　　　　　B. 梯形　　　　　　　　C. 圆形　　　　　　　D. 矩形

4. 注射吹塑成型的延伸比是指塑件的长度与型坯的有效长度之比。延伸比越大的塑件，塑件的纵向强度越（　　　），横向强度越（　　　）。

A. 高、低　　　　B. 低、高　　　　C. 低、低　　　　D. 高、高

5. （　　）不属于吹塑模具的结构。

A. 夹坯口　　　　B. 分流槽　　　　C. 余料槽　　　　D. 排气孔槽

6. 下列真空成型方法中最常用、最简单的成型方法是（　　）。

A. 凹模真空成型　　　　　　　　　　B. 凸模真空成型

C. 凹凸模先后抽真空成型　　　　　　D. 吹泡真空成型

7. 真空成型塑件的（　　）在很大程度上反映了塑件成型的难易程度，该值越大，塑件成型越困难。

A. 吹胀比　　　　B. 延伸比　　　　C. 牵引比　　　　D. 引伸比

8. 压缩空气成型模具与真空成型模具在结构上的主要不用点在于：压缩空气成型模具上增加了（　　）。

A. 抽气孔　　　　　　　　　　　　　B. 边缘密封结构

C. 型刃　　　　　　　　　　　　　　D. 冷却装置

三、判断题

1. 中空吹塑成型是将处于熔融状态的塑料型坯置于模具型腔内，使压缩空气注入型坯中将其吹胀，使之紧贴于模具型腔壁上，经冷却而得到中空塑件的一种模塑方法。　　　　　　（　　）

2. 挤出吹塑成型所用的设备和模具结构简单，投资少，操作容易，适于多种塑料的中空吹塑成型，并且生产效率高，是成型中空塑件的主要方法。　　　　　　　　　　　　　　（　　）

3. 吹塑成型的塑件上的螺纹一般采用粗牙螺纹，而不采用细牙螺纹，这是因为细牙螺纹难以成型。　　　　　　　　　　　　　　　　　　　　　　　　　　　　　　　　　（　　）

4. 注射吹塑模具因吹塑时型坯完全置入吹塑模的模腔内，所以不需制出夹坯口（切口），只需要制出型坯的固定装置。　　　　　　　　　　　　　　　　　　　　　　　　　　（　　）

5. 凹凸模先后抽真空成型方法多用于有凸起形状的薄壁塑件，成型得到的塑件的内表面尺寸精度较高。　　　　　　　　　　　　　　　　　　　　　　　　　　　　　　　　（　　）

6. 真空成型的塑件的引伸比与塑件厚度的均匀程度有关，引伸比过大会使最小壁厚变大。　　　　　　　　　　　　　　　　　　　　　　　　　　　　　　　　　　　（　　）

7. 真空成型的塑件在角落处容易发生壁厚变薄及应力集中现象，所以转角处应以圆角过渡，但是圆角半径应尽可能小。　　　　　　　　　　　　　　　　　　　　　　　　　（　　）

8. 真空成型模具的抽气孔的大小要适合成型塑件的需要，最大抽气孔直径尺寸不应超过板材厚度的 50%。　　　　　　　　　　　　　　　　　　　　　　　　　　　　　　　（　　）

9. 压缩空气成型与真空成型的不同之处在于前者主要依靠压缩空气成型塑件，而后者主要依靠抽真空吸附成型塑件。　　　　　　　　　　　　　　　　　　　　　　　　　（　　）

10. 压缩空气成型的塑件的壁厚不宜太大，因为塑件的壁厚增大，塑料板材的厚度就越大，通常塑料片材的厚度不超过 10mm。　　　　　　　　　　　　　　　　　　　　　（　　）

四、问答题

1. 中空吹塑成型的原理是什么？可以分为哪几种类型？各有什么特点？

2. 什么是吹胀比？什么是延伸比？应如何确定？

3. 余料槽和排气孔槽的作用是什么？应设置在什么位置？

4. 真空吹塑成型的原理是什么？可以分为哪几种类型？各有什么特点？

5. 真空成型模具常用的材料有哪些？

6. 什么是引伸比？应如何确定？

7. 压缩空气成型的原理是什么？可以分为哪几种类型？

8. 压缩空气成型与真空成型有什么不同之处？

9. 压缩空气成型用的模具结构有何特点？

第7章

模具 CAD/CAM/CAE 简介

模具是制作塑料成型制件的主要工艺装备，它直接决定了塑料制件的外观及加工质量。过去的模具都是人工设计和制造，不仅生产周期长，而且难以保证质量，很难做到一次试模成功，因此极大地限制了塑料工业的发展。自 20 世纪 70 年代以来，随着计算机技术的日益发展，数控加工技术的广泛应用，出现了 CAD/CAM/CAE 的全新技术。

CAD/CAM/CAE 技术应用到模具领域后，出现了模具的计算机辅助设计（CAD）、计算机辅助制造（CAM）和计算机辅助工程（CAE）一整套完整技术。这种技术的采用，不仅使模具的设计和制造一体化，而且通过计算机模拟分析，将试模提前到设计阶段，并由实验室走向实用化，这是模具制造业中的一个创新。

模具 CAD/CAM/CAE 技术从根本上改变了设计模具、制造模具时用手工绘图，凭图组织整个生产的技术管理方式，将它变为在图形工作站上交叉设计，用数据文件发展产品，在统一的数字化产品模型下进行产品的设计打样、分析计算、工艺设计、工艺装备、数控加工、质量控制、编印产品维护手册等。目前，模具 CAD/CAM/CAE 在模具领域的应用越来越广泛。

7.1 什么是模具 CAD/CAM/CAE

7.1.1 模具 CAD

模具 CAD，是模具计算机辅助设计的简称，是指用计算机作为主要的技术手段来生成和运用各种数字和图像信息，以进行模具的设计。

CAD 技术从根本上改革了传统的手工设计、绘图、描图以及根据图样组织生产的落后状况。对于结构十分复杂的模具设计来说，CAD 更显示了巨大的优越性。据调查表明，由于 CAD 技术的应用，资料收集、调研和设计工作量减少到原来的 1/2 以下，绘图工作量降低到原来的 1/20，而工作效率却提高了 3~5 倍。

1. 模具 CAD 的设计内容

模具 CAD 为模具设计提供了极大的方便和优势，主要设计内容有以下几方面。

（1）塑件的几何造型

对塑件的几何造型是进行设计的第一步，它是利用 CAD 中的几何造型系统，如线造型、面造型和实体造型，在计算机中生成塑件的几何模型。由于塑件大多是薄壁件，且又有复杂的表面，因此常用表面造型的方法来产生塑件的几何模型。

（2）模腔面形状的生成

在模具结构中，塑件外表面由型腔生成，内表面由型芯生成，它们共同约束塑件而生成塑件表面。当几何造型在计算机中生成之后，就利用它来生成型腔的表面形状。由于塑料均有程度不同的成型收缩率，CAD 应根据收缩值的大小来修正模型形状，继而生成所要求的模腔面形状。

（3）模具结构设计

采用计算机软件来确定最佳型腔数目，引导设计人员布置型腔、构思浇注系统、冷却系统和脱模机构，为选择标准模架和设计动、定模部件图做好准备。

（4）选择标准模架

在模具 CAD 中一般都有标准模架库，从模架库中选择所需模架。用作标准模架选择的设计软件应具有两个功能：一是协助设计者输入本企业的标准模架，以建立专用的标准模架库；二是能方便地从已建好的专用标准模架库中，选出在这次设计中所需的模架类型及全部模具标准件的图形和数据。

（5）总装图的生成

根据所选定的标准模架及已完成的型腔布置，模具 CAD 以交互方式协助设计人员生成模具部件装配图和总装图。在完成部件装配图时，可利用光标在屏幕上拖动模具零件，以搭积木的方式装配模具总装图。

（6）模具零件图的生成

在模具总装图、部件装配图完成后，模具 CAD 能协助设计人员完成模具零件的设计、绘图、尺寸标注等工作。

（7）常规计算和校核

模具 CAD 可将理论计算和积累的设计经验相结合，为模具设计人员提供对模具零件全面的计算和校核，以保证模具结构中有关参数的正确性。

2. 模具 CAD 的功能

模具 CAD 是根据塑件的形状而设计出相应的图样，为了完成此任务，模具 CAD 应当具备下列功能。

（1）描述塑件几何形状的能力

模具的工作部分，如型腔和型芯，是根据塑件的形状设计的，因此必须首先提供塑件的几何形状，这就要求模具 CAD 系统必须具备描述塑件几何形状的能力，即几何构型的功能，然后根据塑件的几何形状构造出模具工作部分的模腔图形。

（2）模具标准化的功能

标准化对于工业乃至国民经济有着巨大的作用，在模具设计时也是如此。在建立模具 CAD 系统时必须解决标准化问题，包括设计准则的标准化、模具结构的标准化和模具零件的标准化。只要进行标准化后，在设计模具时就可以选用典型的模具结构、标准模架，调用标准零件。需要设计的只是少数与工作有关的零件，从而提高模具设计效率。

（3）设计数据的处理功能

在设计模具时，要用到大量数据和图表。人工设计模具时所采用的设计数据大部分是以数据表格和线图形式给出的。而在采用模具 CAD 时，这些数据表格和线图在经过程序化和公式化后，已被存储于计算机中，调出十分简便，为设计人员的使用带来极大方便。

（4）广泛的适应性

塑件的形状复杂多变，要求模具的结构随产品的不同而变化。另外，由于模具的设计模式没有统一标准，同样一个塑件，可以用多种结构来制得，这样，使得各个企业所采用的模架标准、结构标准等在我国尚未真正完全统一。并且，模具的加工制作多为单件或小批量生产，产品更新换代快，相关的模具设计速度也要跟上，为了适应模具的上述生产特点，要求模具 CAD 系统必须具有广泛的适应性。

7.1.2 模具 CAM

模具 CAM，是模具计算机辅助制造的简称，是指利用计算机对模具制造过程进行设计、管理和控制。一般来说，计算机辅助制造包括工艺设计、数控编程等。它借助计算机完成制造过程中的各项工作。

1. 模具 CAM 系统的组成

（1）计算机自动编程

计算机自动编程是模具 CAM 的一个重要组成部分，是将设想中的模具设计转变为精确的现实的重要中间手段。在计算机中，利用模具 CAD 的几何造型，对其进行几何定义，确定加工路线，加工条件，从而得到刀具轨迹，并对其进行加工的模拟、仿真、最后得到 NC 代码。

（2）数控加工

数控加工是对模具零件加工的实施阶段，它利用数控机床，如加工中心、数控车床、数控铣床、数控镗床、数控磨床等，输入 NC 代码，对毛坯料进行自动加工，最终得到合格的模具零件。

（3）计算机辅助工艺设计

计算机辅助工艺设计（CAPP）是利用计算机为被加工模具零件选择合理的加工方法和加工顺序，使之能按设计要求生产出合格的成品零件。CAPP 可以减少工艺师的重复劳动，而且不会因为工艺师的不同而对同一零件的设计缺少一致性，同时它又是 CAD 与 CAM 集成的桥梁，是两者实行一体化的重要基础，如图 7-1 所示。

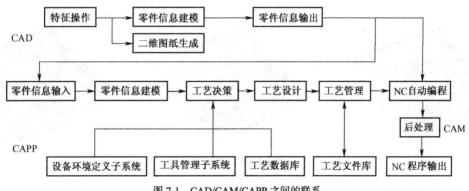

图 7-1　CAD/CAM/CAPP 之间的联系

（4）计算机辅助模具生产管理

计算机辅助模具生产管理主要包括模具生产物料的管理和模具生产作业计划等。利用它可以进行模具生产的工时定额、工序安排、编制物料需求计划、车间任务进展监控等工作，是实现企业信息化的关键之一。

2. 模具 CAM 系统的主要功能

① 进行模具零件加工程序的自动编制，并利用数控机床对模具零件进行自动加工。

② 利用仿真技术事先测试数控机床刀具的运动轨迹，检测是否"过切"及发生加工表面干涉。

③ 由计算机自动完成整个模具生产过程中的工艺过程设计。

④ 由计算机辅助进行对模具生产现场的生产作业计划及各种工料的管理。

⑤ 利用计算机自动完成从模具产品的几何模型到工艺模型的转换。

7.1.3 模具 CAE

模具 CAE，是模具计算机辅助工程的简称，它实质上是一种计算机模拟技术，它是在计算机上建立数学模型，对塑件成型过程进行仿真和分析，并把仿真、分析的结果用文本输出和图形显示出来。

模具 CAE 的目标是通过对塑料材料性能的研究和注射工艺过程的模拟，为塑件设计、材料选择、模具设计、注射工艺制定及注射过程控制提供科学依据。

模具 CAE 的研究内容主要包括以下几个方面。

1. 熔体充模的流动模拟

熔体在经流道、浇口，进入型腔时，其路径虽不长，但充模流动的过程却十分复杂。通过流动模拟（见图 7-2），可帮助设计人员优化注射成型工艺参数，确定合理的浇口流道数目和位置，预测所需的注射压力及锁模力，并发现可能出现的注射不足热降解，不合理的熔接痕位置等缺陷。

最后充填位置

图 7-2 充填过程分析

2. 保压过程模拟

保压模拟的目的是帮助设计人员确定合理的保压压力和保压时间，改进浇口设计，以减少型腔内熔体体积收缩的变化。由此可见，保压过程模拟（见图 7-3）是实现注射全过程分析的重要环节。

52%

64%

66%

图 7-3 保压过程分析

3. 冷却过程模拟

冷却过程模拟的目的是对注射模的热交换效率和冷却系统的设计方案进行模拟（见图 7-4），帮助确定冷却时间、冷却管路布置及冷却介质的流速、温度等冷却工艺参数，使型腔表面的温度尽可能均匀。

4. 翘曲变形模拟

翘曲变形是塑件的常见缺陷，注射过程中产生的应力作用于塑件，使塑件产生变形（见图 7-5）。翘曲变形模拟的目的是预测在给定加工条件下，塑件脱模后的外观质量、几何尺寸、应力分布及机械性能，帮助设计人员修正塑件、模具设计方案，进一步预测塑件的使用性能。

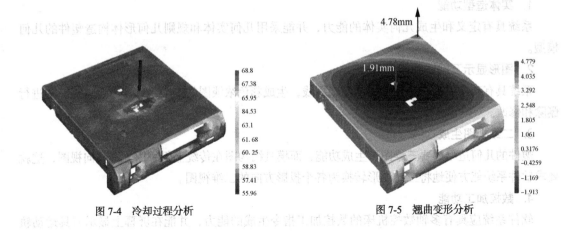

图 7-4　冷却过程分析　　　　　　　　　图 7-5　翘曲变形分析

7.2　模具 CAD/CAM/CAE 技术的特点

7.2.1　模具 CAD/CAM/CAE 技术的优点

模具 CAD/CAM/CAE 技术的发展顺应了塑料模具设计和制造的发展要求，以自己独特的特点令人耳目一新，其主要优点如下。

1.　提高模具设计质量

传统的模具设计，多是凭手工和经验设计，主要由设计人员一笔一划地将图样绘出，模具很难一次成功，需要经过多次反复试模，才能一步步地趋近目标。而模具 CAD 的应用，可以快速完成优化设计、图样绘制等任务。

2.　提高模具制造效率

模具 CAE 利用了计算机模拟技术，即用计算机来模拟塑料成型的全过程，这样，在计算机上就可以观察到熔体充模的全过程，可以看到塑件的最终形状。可在模具正式制造之前就从计算机屏幕上发现模具的问题，并及时进行修正，直至图样完全符合要求，由这种图样制作的模具，试模时往往可一次成功。实践证明，它可使试模时间降低到原来的 1/10 左右。

3.　提高模具制造精度

模具 CAM 技术是将 CAD 设计出来的图样，由数控机床进行加工。特别是模具型腔，往往是由很多曲面组成，加工难度大，但精度却要求相当高，传统的机械加工很难达到所要求的精度，而数控机床却能很好地达到所要求的精度，从而使模具有高精度，其制得的塑料制件也就有可靠的质量。

4.　增加经济效益

利用模具 CAD，有关模具设计需要的数据被计算机存储，随要随取，因此设计的时间大为缩短，比传统设计速度要提高数倍以上。另外模具精度高、质量好、制得的塑件质量高，并能很快地占领市场，使竞争力大大提高，由此带来的经济效益是巨大的。

7.2.2　模具 CAD/CAM/CAE 的软件功能

目前，常用的模具 CAD/CAM 软件主要有 Pro/E、UG、SolidWorks 等，它们的功能是强大的，主要包括以下功能。

1. 实体造型功能

系统具有定义和生成几何实体的能力，并能采用几何实体和规则几何形体构造塑件的几何模型。

2. 图形显示及编辑功能

系统具有动态显示三维图形，消除隐藏线，生成彩色浓淡图的能力，并能方便地对图形进行删除和修改。

3. 二维视图生成功能

塑件的几何造型需要三维图形生成功能，而模具结构图在传统上仍采用二维多向视图，这就要求软件系统能方便地将三维图形转换为各个投影方向的二维视图。

4. 数控加工功能

软件系统应具有多轴数控机床的数控加工指令生成的能力，并能在屏幕上显示刀具运动轨迹，以及对数控加工的全过程进行动态仿真。

5. 三维运动机构的分析与仿真功能

软件系统应具有对运动机构（如模具开合、侧向抽芯、分型等）的运动轨迹和干涉校核进行研究的能力，能为用户提供直观的仿真效果。

6. 信息处理与管理功能

软件系统应具有统一处理和管理产品设计与制造等全部信息的能力，并能与其他系统进行数据传输与交换。

7.3 CAE 技术在塑料模具中的应用

随着塑料工业的迅速发展以及塑料制件在航空、航天、电子、机械、船舶、汽车等工业部门的推广应用，产品对模具的要求越来越高，传统的模具设计方法已无法适应产品更新换代和提高质量的要求。CAE 技术已成为改善塑料产品开发、模具设计及产品加工中这些薄弱环节的最有效途径。

塑料产品成型分两个阶段，即开发设计阶段（包括产品设计、模具设计和模具制造）和生产阶段（包括购买材料、试模和成型）。传统的注塑方法是在正式生产前，由设计人员凭经验与直觉设计模具，模具装配完毕后，通常需要几次试模，发现问题后，不仅需要重新设置工艺参数，甚至还需要修改塑件结构和模具结构，这些步骤增加了生产成本，延长产品开发周期。采用 CAE 技术，可以完全代替试模，CAE 技术提供了从塑件设计到生产的完整解决方案，在模具制造之前，预测塑料熔体在型腔中的整个成型过程，帮助发现潜在的问题，有效地防止问题发生，大大缩短了开发周期，降低生产成本。

近年来，CAE 技术在塑料成型领域中的重要性日益增大，采用 CAE 技术可以全面解决注射成型过程中出现的问题。CAE 分析技术能成功地应用于 3 种不同的生产过程，即模具设计、塑件设计和注射成型。

1. 模具 CAE 在模具设计中的应用

熔体的流动分析模拟对模具设计有很大的指导意义，CAE 技术进行熔体的流动分析，可以帮助设计人员设计出良好的模具结构。

（1）良好的充填形式

对于任何的注射成型来说，最重要的是控制充填的方式，以使塑件的成型可靠、经济。单向充填是一种好的注塑方式，它可以提高塑件内部分子单向和稳定的取向性。这种填充形式有助于避免因不同的分子取向所导致的翘曲变形，从而保证了产品质量。

（2）最佳浇口位置与浇口数量

为了对充填方式进行控制，模具设计者必须选择能够实现这种控制的浇口位置和数量，CAE可以进行流动模拟，使设计者可以对多种浇口位置和浇口数量进行分析比较，并作出评价，以得到最佳的浇口位置和浇口数量。

（3）流道系统的优化设计

实际的模具设计往往要反复权衡各种因素，尽量使设计方案尽善尽美。通过流动分析，可以帮助设计者设计出压力平衡、温度平衡或者压力、温度均平衡的流道系统，还可对流道内剪切速率和摩擦热进行评估。这样，就可以避免材料的降解和型腔内过高的熔体温度。

（4）冷却系统的优化设计

通过分析冷却系统对流动过程的影响，优化冷却管的布局和工作条件，从而产生均匀的冷却，以缩短成型周期，并减少产品成型后的内应力。

（5）减小返修成本

常规制模时，模具往往不能一次试模成功。需要多次返工修模，再试模，这无疑要消耗大量的时间和财力。提高模具一次试模成功的可能性是 CAE 分析的一大优点。此外，未经反复修模的模具，其寿命也较长。

2. 模具 CAE 在塑件设计中的应用

每一种塑件都有自身的使用要求，在塑件设计时要满足这个使用要求。在塑件质量改善方面，模具 CAE 可以解决以下几个问题。

（1）塑件能否全部注满

塑件在注射成型时是否能全部充填饱满，是关系塑件质量的关键环节，也是模具设计人员普遍关注的问题。当设计大型塑件如盖子、容器和家具时，这个问题更要注意。设计人员对材料的结构特性、加工特性、模具特性等往往了解不够，或是模糊不清，因而在设计塑件时往往考虑不够周到。而 CAE 则以科学的方式提供了在设计阶段，对不同塑料及其与成型有关的特性进行评价的方法。可以在设计时利用 CAE 来了解塑件在给定的成型条件下能否充满型腔。

（2）塑件实际最小壁厚

对于塑件外形设计者来说，塑件的壁厚越小越好，如能使用薄壁制件，就能大大降低制件的材料成本。减小壁厚还可大大降低塑件的循环时间，从而提高生产效率，降低塑件成本。减少壁厚要保证塑件的最低强度和刚度，如果靠试模来检验非常费时、费力、费工、费料。CAE 提供了一条捷径，它可以在计算机模拟中找到最小壁厚，而这种具有最小壁厚的塑件，其冷却时间也会缩短，从而提高生产效率，同时降低塑件成本。

（3）浇口位置是否合适

浇口的位置对产品的内外质量有着直接的关系，采用 CAE 分析可使产品设计者在设计时有充分的选择浇口位置的余地，并确保设计的审美特性。

3. 模具 CAE 在注射成型中的应用

设计者可以在塑件成本、质量、可加工性等方面得到 CAE 技术的帮助。

（1）设定最佳的模具方案

流动分析对熔体温度、模具温度、注射速度等主要注射加工参数提出一个目标趋势，通过流动分析，设计者便可估定各个加工参数的正确值，并确定其变动范围，和模具设计者一起，选择最经济的加工设备，设定最佳的模具方案。

（2）减小塑件应力和翘曲

残余应力通常使塑件在成型后出现翘曲变形，甚至发生失效。选择最好的加工参数可以使塑件残余应力最小。

（3）节省材料和减少过量充模

流道和型腔的设计采用平衡流动，有助于减少材料的使用和消除因局部过量注射所造成的翘曲变形。

（4）最小的流道尺寸和回收料成本

流动分析有助于选定最佳的流道尺寸，以减少浇道部分塑料的冷却时间，从而缩短整个注射成型的时间，减少变成回收料或者废料的浇道部分塑料的体积。

练习题

一、填空题

1. 模具 CAD/CAM/CAE 技术中 CAD 的含义是_____，CAM 的含义是_____，CAE 的含义是_____。

2. CAPP 是利用计算机为被加工模具零件选择合理的_____和_____，使之能按设计要求生产出合格的成品零件。

3. _____是 CAD 与 CAM 集成的桥梁，是两者实行一体化的重要基础。

4. 模具 CAE，实质上是一种_____，它是在计算机上建立数学模型，以对塑件成型过程进行_____和_____，并把结果用文本输出和图形显示出来。

5. 塑料产品成型分两个阶段，即_____和_____。

6. CAE 分析技术能成功地应用于 3 种不同的生产过程，即_____、_____、_____。

二、不定项选择题

1. 常用的模具 CAD/CAM 软件主要有（　　）等软件。

A. Pro/E 　　　　　　　　　　　B. UG

C. SolidWorks 　　　　　　　　　D. Photoshop

2. 模具 CAD/CAM/CAE 技术的特点主要有（　　）。

A. 提高模具设计质量 　　　　　　B. 提高模具制造效率

C. 增加经济效益 　　　　　　　　D. 提高模具制造精度

3. 模具 CAD/CAM/CAE 的软件功能主要有（　　）。

A. 实体造型功能 　　　　　　　　B. 二维视图生成功能

C. 数控加工功能 　　　　　　　　D. 三维运动机构的分析与仿真功能

4. 利用模具（　　）系统可以进行模具零件加工程序的自动编制，并利用数控机床对模具零件进行自动加工。

A. CAD 　　　　B. CAM 　　　　C. CAE 　　　　D. CAPP

5. 数控加工的主要特点有（　　）。

A. 可完成复杂零件的加工 　　　　B. 加工精度高

C. 降低了辅助费用成本 　　　　　D. 能快速转换产品加工

三、判断题

1. CAPP 可以减少工艺师的重复劳动，但可能因为不同工艺师对同一零件的设计缺少一致性。　　　　　　　　　　　　　　　　　　　　　　　　　　　　　（　　）

2. 采用 CAE 技术，可以完全代替试模，CAE 技术提供了从制品设计到生产的完整解决方案，在模具制造之前，预测塑料熔体在型腔中的整个成型过程。　　　　　　　　　（　　）

四、问答题

1. 模具 CAD、CAM、CAE 的概念是什么？

2. 模具 CAD 的主要设计内容有哪些？

3. 模具 CAM 系统的组成包括几部分？

4. 模具 CAE 的主要研究内容有哪些？

5. 模具 CAD/CAM/CAE 技术有什么特点？

6. 目前，常用的模具 CAD/CAM 软件主要有哪些？具有什么功能？

7. 模具 CAE 在模具设计中的应用有哪些？

8. 模具 CAE 在塑件设计中的应用有哪些？

9. 模具 CAE 在注射成型中的应用有哪些？

参考文献

[1] 陈自刚. 塑料模具设计. 北京：机械工业出版社，2005.

[2] 齐晓杰. 塑料成型工艺与模具设计. 北京：机械工业出版社，2006.

[3] 屈华昌. 塑料成型工艺与模具设计. 北京：高等教育出版社，2001.

[4] 齐卫东. 塑料模具设计与制造. 北京：高等教育出版社，2004.

[5] 朱光力，万金保. 塑料模具设计. 北京：清华大学出版社，2003.

[6] 邹继强. 塑料制品及其成型模具设计. 北京：清华大学出版社，2005.

[7] 模具实用技术丛书编委会. 塑料模具设计制造与应用实例. 北京：机械工业出版社，2002.

[8] 王孝培. 塑料成型工艺及模具简明手册. 北京：机械工业出版社，2000.

[9] 杨占尧. 塑料注塑模结构与设计. 北京：清华大学出版社，2004.

[10] 张克慧. 注塑模设计. 西安：西北工业大学出版社，2001.

[11] 申开智. 塑料模具设计与制造. 北京：化学工业出版社，2006.

[12] 张中元. 塑料成型和模具设计. 北京：航空工业出版社，1995.